安全科学与工程专业系列教材

信息系统雷电安全

李祥超　游志远　李　珏　文巧莉　主编

气象出版社
China Meteorological Press

内 容 简 介

本书系统地介绍了智能建筑中的各信息系统,以及信息系统的雷电安全与防护。本教材具有一定的理论深度,较宽的专业覆盖面,注重应用性,以提高学生对信息系统雷电安全防护的认识。

全书共分为5章,第1章讲述了智能建筑通信信息系统;第2章讲述了智能建筑安全信息系统;第3章讲述了信息系统雷电防护;第4章讲述了信息系统防雷保护器件;第5章讲述了信息系统雷电防护检测。

本书可作为雷电科学与技术专业教材及防雷技术人员资格考试培训用书。

图书在版编目(CIP)数据

信息系统雷电安全 / 李祥超等主编. -- 北京 : 气象出版社, 2022.5
ISBN 978-7-5029-7703-0

Ⅰ. ①信… Ⅱ. ①李… Ⅲ. ①智能化建筑－信息系统－防雷设施 Ⅳ. ①TU895

中国版本图书馆CIP数据核字(2022)第074788号

Xinxi Xitong Leidian Anquan
信息系统雷电安全

李祥超 游志远 李 珏 文巧莉 主编

出版发行:气象出版社
地　　址:北京市海淀区中关村南大街46号 邮政编码:100081
电　　话:010-68407112(总编室) 010-68408042(发行部)
网　　址:http://www.qxcbs.com E-mail: qxcbs@cma.gov.cn
责任编辑:张锐锐 郝 汉 终　　审:吴晓鹏
责任校对:张硕杰 责任技编:赵相宁
封面设计:地大彩印设计中心
印　　刷:北京建宏印刷有限公司
开　　本:720 mm×960 mm　1/16 印　张:12
字　　数:260千字
版　　次:2022年5月第1版 印　次:2022年5月第1次印刷
定　　价:66.00元

本书如存在文字不清、漏印以及缺页、倒页、脱页等,请与本社发行部联系调换。

编 委 会

前　言

南京信息工程大学在国内率先开设雷电科学与技术专业,所有问题都是新的探索。由于该学科建设时间较短,经验还不足,许多问题需要我们共同探索和研究。

为满足全日制普通高等院校雷电科学与技术专业教学基本建设的需要,南京信息工程大学大气物理学院组织编写《信息系统雷电安全》,供雷电科学与技术专业师生使用,以改善该类教材匮乏的局面。

本教材是根据雷电科学与技术专业培养计划而撰写的,从而保证了与其他专业课内容的衔接,理论内容和实践内容的配套,体现了专业内容的系统性和完整性。本教材力求深入浅出,将基础知识点与实践能力点紧密结合,注重培养学生的理论分析能力和解决实际问题的能力。本教材适用于雷电科学与技术专业教学及防雷专业技术人员参读。

电子信息系统科技发展,使得社会不断进步。现代信息产业被广泛应用于社会各个行业。并且,随着人们防雷意识不断提高,国内外已将信息系统雷电安全防护列为重要的科研领域之一。本教材通过精选内容,以有限的篇幅取得比现有相关教材更大的覆盖面,在不削弱传统较为成熟的信息系统雷电安全防护基本内容的前提下,更充实了信息系统雷电安全防护方法的新思路,拓宽了知识面,并紧跟高新技术的发展,以适应信息系统雷电安全防护、应用的需要。

鉴于信息系统雷电安全涉及学科广泛,本教材在编写中力求突出信息系统雷电安全防护不足的危害以及更加合理的防护方法,供读者更好地理解。

本书在编写过程中得到常州市防雷设施检测所有限公司、南京云凯防雷科技股份有限公司的支持,在此表示感谢。限于编者水平,书中可能存在不足之处,恳请读者批评指正。

李祥超

2022 年 2 月

目　录

第 1 章　智能建筑通信信息系统

1.1　智能建筑

从整个技术角度来看,智能建筑是计算机技术、控制技术、通信技术、微电子技术、建筑技术和其他很多先进技术相结合的产物,这些先进技术使建筑物内电力、照明、空调、防灾、防盗、运输设备等实现了管理自动化、远端通信和办公自动化的有效运作,几乎融合了信息社会中人类所有智慧。

1.1.1　智能建筑的特点及分类

1. 智能建筑的特点

智能建筑与传统建筑最主要的区别在于智能化,即智能建筑不仅具有传统建筑物的功能,还具有智慧。智能化可以理解为,具有某种拟人智能的特性或功能。建筑物的智能化意味着其具备以下能力。

1)对环境和使用功能的变化具有感知能力。

2)具有综合分析和判断的能力。

3)具有传递和处理感知信号或信息的能力。

4)具有做出决定,并根据指令信息提供动作响应的能力。

以上能力是建立在三大基本要素有机结合和系统集成基础上的。建筑智能化程度的高低取决于三大基本要素有机结合和渗透的程度,即系统综合集成程度。普通的建筑设备管理系统和光缆架设,能造就建筑物的智能化。智能建筑建立在行为科学、环境科学、信息科学、系统工程学、社会工程学、人类工程学等多种学科相互渗透的基础上,是建筑技术、信息技术、计算机技术、自动控制技术等多种技术彼此交叉、综合运用的结果。因此,智能建筑具有传统建筑无可比拟的优势,不仅可以提供更多功能,而且可以最大限度地节约能源,能够按照用户要求灵活变动,其适应性极强,备受青睐。

2.智能建筑的分类

智能建筑的使用功能不同,类型也不同,其分类如下。

1)专用办公楼类。它包括政府机关办公楼、集团公司或大型企业办公楼、金融大厦、商业楼、科教楼(学校、医院、科研院所等)。

2)出租办公楼类。它由房地产开发商投资兴建,对外出租或出售。大楼内公用设施一次建成,出租或出售房间内的设施由用户根据需求自行装修。

3)综合楼类。它是多功能建筑,集金融、商业、娱乐、办公、生活为一体。

4)住宅楼类。它是居民居住的建筑物[1]。

1.1.2　建筑智能化系统

建筑智能化系统利用现代通信技术、信息技术、计算机网络技术、传感器技术、控制技术等,对建筑和建筑设备进行自动检测与优化控制和信息资源的优化管理,实现对建筑物的智能控制与管理,以满足用户对建筑物的监控、管理和信息共享需求,从而使智能建筑具有安全、舒适、高效和环保的特点,最终实现投资合理和适应信息社会需要的目标。建筑智能化系统是安装在智能建筑中,由多个子系统组成的、利用现代技术实现的、完整的服务和管理系统。

1. 智能建筑的基本构成

智能化系统是根据具体建筑的需求而设置的。从安全性角度考虑,需要设置火灾自动报警与消防联动控制系统及安全防范系统。安全防范系统中应包括防盗报警系统、闭路电视监控系统、出入口控制系统、应急照明系统等各功能子系统。从高效性角度考虑,需要设置通信网络自动化系统和办公自动化系统,以创造一个迅速获取信息、加工信息的良好办公环境,达到高效率工作的目的。从舒适性角度考虑,需要设置建筑设备监控系统,实现对温度、湿度、照明及卫生等环境指标的控制,达到节能、高效和延长设备使用寿命的目的。因为建筑设备监控系统、火灾自动报警与消防联动控制系统和安全防范系统,按其功能均属于建筑设备自动化管理范畴,所以按国际及国内习惯,统称为建筑设备自动化系统。

综上所述,智能建筑中的建筑智能化系统应包括三大子系统,即建筑设备自动化系统(BAS)、通信网络自动化系统(CAS)、办公自动化系统(OAS)。智能建筑的基本构成如图 1.1 所示。

BAS,OAS 和 CAS 这三大系统中又包含各自的子系统。为了能使这三大系统的信息及软、硬件资源共享,建筑物内各种工作和任务共享,并科学合理地运用建筑物内全部资源,应实现这三个系统在智能建筑中的一体化集成。即利用计算机网络和通信技术在三大系统间建立起有机的联系。其核心是智能系统,智能系统设备通常放置在智能化建筑环境内的系统集成中心,通过综合布线与各种终端设备连接,并通过计算机对整栋大楼进行动态实时监控,从而实现高度智能化。

通常所说的 3A 大厦,指的就是建筑设备自动化(BA)、通信网络自动化(CA)和办公自动化(OA)。也有 5A 的说法,即建筑设备自动化(BA)、通信网络自动化(CA)、办

公自动化(OA)、消防自动化(FA)和保安自动化(SA),但由于 BA 中已包括 FA 和 SA,
所以一般不采用这种说法。

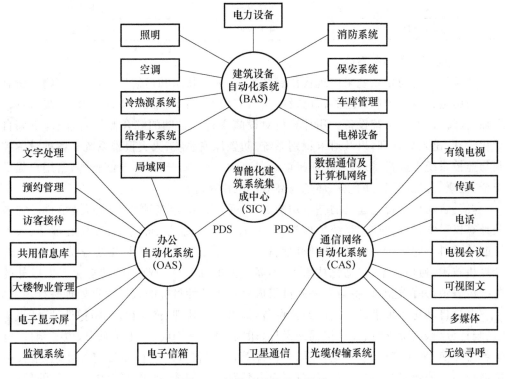

图 1.1　智能建筑的基本构成

从用户服务功能角度看,智能建筑可提供三个方面的服务功能,即安全性功能、舒适性功能和便捷性功能,如表 1.1 所示。因此,智能建筑可以满足人们在社会信息化新形势下对建筑物提出的更高的功能需求。

表 1.1　智能建筑的三大服务功能

安全性功能	舒适性功能	便捷性功能
火灾自动报警	空调监控	综合布线
防盗报警	给排水监控	甚小孔径终端卫星通信
电梯运行监控	供配电监控	互联网
自动喷淋灭火	供热监控	宽带接入
闭路电视监控	卫星有线电视	程控交换机
应急照明	装饰照明	办公自动化

安全性功能	舒适性功能	便捷性功能
保安巡更	视频点播	物业管理
出入控制	背景音乐	一卡通

2. 智能建筑的 3A 系统

建筑设备自动化系统采用现代传感技术、计算机技术和通信技术,对建筑物内所有机电设施进行自动控制。这些机电设施包括交配电、给水、排水、空气调节、采暖、通风、运输、火警、保安等系统设备。用计算机对设施实行全自动的综合监控管理,即空调自动化管理、出入口管理,以及对卡识别系统、防盗保安系统、火灾报警系统和各种设备控制与监控系统等进行管理,以保证机电设备高效运行,安全可靠,节能长寿,给用户提供安全、健康、舒适和温馨的生活环境与高效的工作环境。

办公自动化是智能建筑的基本功能之一,是一门综合多种技术的新型学科。它涉及计算机科学、通信科学、系统工程学、人机工程学、控制学、经济学、社会心理学、人工智能等学科。它以行为科学、管理科学、社会学、系统工程学、人机工程学为理论,结合计算机技术、通信技术、自动化技术等,不断使人的部分办公业务活动物化于人以外的各种设备中,并由这些设备与办公人员组成服务于某种目标的人机信息处理系统。

办公自动化系统借助先进的办公设备,提供文字处理、模式识别、图像处理、情报检索、统计分析、决策支持、计算机辅助设计、印刷排版、文档管理、电子账务、电子函件、电子数据交换、来访接待、会议电视、同声传译等,以取代人工进行办公业务处理,最大限度地提高办公效率和办公质量,尽可能充分地利用信息资源,以产生更高价值的信息,提高管理和决策的科学化水平,实现办公业务科学化、自动化。办公自动化系统能提供物业管理、酒店管理、商业经营管理、图书档案管理、金融管理、停车场计费管理、商业咨询、购物引导等多方面综合服务。

通信网络自动化系统是以结构化综合布线系统为基础,以程控用户交换机为核心,以多功能电话、传真、各类终端为主要设备,建立起来的建筑物内一体化的公用通信系统。这些设备(包括软件)应用新的信息技术,构成智能大厦信息通信的中枢神经。它不仅能够保证建筑物内的语音、数据、图像传输,通过专用通信线路和卫星通信系统与建筑物以外的通信网(如电话公网、数据网及其他计算机网)连接,而且能将智能建筑中的三大系统连接成有机整体。

智能建筑中的通信网络自动化系统主要包括语音通信系统、数据通信系统、图文通信系统、卫星通信系统以及数据微波通信系统等。通信网络自动化系统发展的方向是综合业务数字网(ISDN)。综合业务数字网具有高度数字化、智能化和综合化能力,它将电话网、电报网、传真网和数据网,与广播电视网、数字程控交换机和数字传输系统联

合起来,以数字方式统一,并综合到同一个数字网中传输、交换和处理,实现信息收集、
存储、传送、处理和控制一体化。用一个网络就可以为用户提供包括电话、高速传真、智
能用户电报、可视图文、电子邮件、会议电视、电子数据交换、数据通信、移动通信等多种
电信服务。用户只需要通过一个标准插口就能接入各种终端,传送各种信息,并且只占
用一个号码,就可以在一条用户线上同时打电话、发送传真、进行数据检索等。

　　智能建筑的 BAS,OAS 和 CAS 三大子系统,通过结构化综合布线有机地联系在一
起。结构化综合布线的特点是将所有的语音、数据、视频信号等,经过统一的规划设计,
综合在一套标准的布线系统中。对于智能建筑来说,结构化综合布线系统就如同人体
的神经系统,起着极其重要的调控作用[2]。

1.1.3　智能建筑通信网络自动化系统

　　智能建筑的信息通信系统,如同人体的中枢神经系统一般,具有极其重要的作用。
它具备对智能建筑内外各种信息的收集、处理、存储显示、检索和提供决策支持的能力,
是保证建筑物内语音、数据、图像传输的基础,同时与外部通信网(如电话公网、数据网、
计算机网、卫星以及广电网)相连,以满足智能建筑办公自动化和建筑内外通信的需要,
提供最有效的信息服务。

　　智能建筑中的通信网络自动化系统的主要功能如图 1.2 所示。

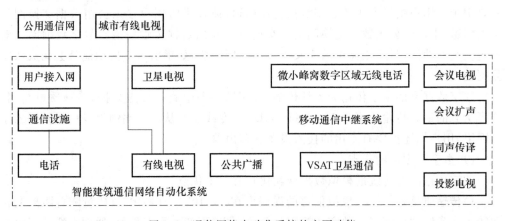

图 1.2　通信网络自动化系统的主要功能

　　智能建筑通信网络自动化系统主要有以下内容:固定电话通信系统、声讯服务通信
系统、无线通信系统、卫星通信系统、多媒体通信系统、视讯服务系统、电视通信系统和
计算机通信网络系统。

　　在通信网络设备方面,终端设备向数字化、智能化、多功能化发展;传输链路向数字
化、宽带化发展;交换设备广泛采用数字程控交换机,并向适合宽带要求的 ISDN 快速

分组交换机的方向发展。通信网络自动化系统本身正朝着数字化、综合化、智能化和个人化方向发展。

数字化是指在系统中全面使用数字技术,包括数字信号传输、数字的交换等。综合化是将各种信息源的业务综合在同一个数字通信网络中,为用户提供综合性优质服务,它可以通过三网融合技术满足人们对电话、数据、电视、传真业务的需求,并能满足人们未来对信息服务的更高要求。智能化是在通信网络中赋予智能控制功能,使网络结构更具灵活性。个人化就是实现个人通信,达到任何人、任意时间内在任意地方均能与他人进行通信。

在智能建筑中,信息通信技术的重要发展方向之一就是业务的多媒体化和网络的宽带化。人们利用宽带化信息传输技术传输多媒体信息,在计算机的参与下,用户之间可以进行交谈、视频通话、共同修改文本、检索数据库等[3]。

1.2　智能建筑宽带网络

1. 数字数据网

数字数据网(DDN)是利用数字通道传输数据信号的数据传输网。DDN 可提供点对点、点对多点透明传输的数据专线,为用户传输数据、图像、声音等信息。数字数据网一般用于向用户提供专用的数字数据传输信道,或提供将用户接入公用数据交换网的接入信道,也可为公用数据交换网提供交换节点间的数据传输信道。数字数据网一般不包括交换功能,只采用简单的交叉连接与复用装置,如果引入交换功能就会构成数字数据交换网。

数字数据网的主干传输为光纤传输,采用数字通道直接传送数据,传输质量高,目前可达到的最高传输速率为 155 Mbit/s,DDN 专线需要从用户端铺设专用线路进入主干网络,用户端还需要有专用的接入设备和路由器。

(1)数字数据网的优点

数字数据网与传统的模拟数据网相比具有以下优点。

1)传输质量好。一般模拟信道的误码率在 $1 \times 10^{-6} \sim 1 \times 10^{-5}$,质量随着距离变长和转接次数增加而下降。数字传输则是分段再生,不产生噪声积累,通常光缆的误码率在 1×10^{-8} 以下。

2)利用率高。一条脉冲编码调制(PCM)用于传输数据时,实际可用达到 48 kbit/s 或 56 kbit/s,通过同步复用可以传输 5 个 9.6 kbit/s 或更多的低速数据电路。一条 300.3400 Hz 标准的模拟话路传输速率通常只有 9.6 kbit/s,即使采用复杂的调制解调器也只能达到 14.4 kbit/s 和 28.8 kbit/s.

3)不需要价格昂贵的调制解调器。对用户而言,只需一种功能简单的基带传输的调制解调器。

(2)数字数据网的组成

数字数据网主要由以下部分组成。

1)本地传输系统。它是指从终端用户至数字数据网的本地局之间的传输系统,即用户线路,一般采用普通的市话用户线,也可使用电话线上复用的数据设备。

2)交叉连接和复用系统。复用是将低于 64 kbit/s 的多个用户的数据流按时分复用的原理,复合成 64 kbit/s 的集合数据信号,通常称之为零次群信号,然后再将多个零次群信号按数字通信系统的体系结构进一步复用成一次群,即 2.048 Mbit/s 或更高次信号。

3)局间传输及同步时钟系统。局间传输多数采用已有的数字信道实现。在一个DDN 内,各节点必须保持时钟同步。通常采用数字通信网的全网同步时钟系统,也可采用多用多卫星覆盖的全球定位系统(GPS)实施。

4)网络管理系统。无论是全国骨干网,还是某个地区网,均应设置网络管理中心,对网上的传输通道,用户参数的增删改、监测、维护与调度实行集中管理。

2. 光纤通信

光纤通信是以光纤为传输媒介,光波为载波的通信系统,其载波具有较高的频率(约 1×10^{14} Hz),因此光纤具有很大的通信容量。

光纤通信的主要优点是:传输频带宽,通信容量大;传输损耗低,中继距离长,适用于长途传输;抗电磁干扰,不会产生串扰,信号串扰小,传输质量高,保密性好;光纤体积小,重量轻,便于运输和敷设;耐化学侵蚀,适用于特殊环境;原材料资源丰富,节约有色金属。

光纤通信的主要缺点是:光纤弯曲半径不宜过小;光纤的端面制备和连接技术要求较高,且需要专门的设备;分路、耦合操作繁琐。

光纤通信系统的种类很多,但其基本组成原理是相同的,主要由光发射机、光纤电缆、光中继器和光接收机组成,如图 1.3 所示。此外,系统中还包含一些互连和光信号处理部件,如光纤连接器、隔离器、光开关等。

图 1.3 光纤通信系统组成原理图

光发射机的主要任务是将电信号直接调制到光载波上,然后送往光纤电缆传输。电缆在结构上主要由纤芯和包层组成,其主要功能是传送光信号,完成信号的传输任务。

光中继器的主要功能是补偿在传输中逐渐衰减的信号,使产生畸变的光信号脉冲波形得到恢复,以实现远距离传输。

光接收机的主要任务是将接收到的光信号转换成原始电信号,经放大、整形、再生恢复原形后,送到电接收端机。它主要由耦合器、光电检测器和解调器组成。

(1)光纤接入网

光纤接入网(OAN)是采用光纤取代传统双绞线作为主要传输媒介的一种宽带接入网技术,也是今后接入网发展的主要方向。这种接入网方式在光纤上传送的是光信号,而交换局交换的和用户接收的均为电信号,所以需要在发送端将电信号通过电/光(E/O)转换变成光信号,在接收端光网络单元(ONU)完成光/电(O/E)转换,才可以实现中间线路的光信号传输,将光信号恢复为电信号送至用户设备。光纤接入网如图1.4所示。

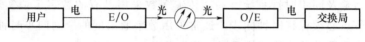

图 1.4　光纤接入网示意图

光纤接入网的主要特点是:可以传输宽带交换型业务,新建系统具有较高的性能价格比,且传输质量好,可靠性高,保密性好;一般不需要中继器,但由于用户众多所导致的光功率分配不足,可能需要采用光纤放大器(EDFA)进行功率补偿;市场前景良好,可以提供多种业务,应用范围广;投资成本大,网络管理复杂,远端供电较难等。

根据ONU与用户位置的远近,OAN又可分成若干种专门的传输结构,主要包括:光纤到路边(FTTC)、光纤到楼(FTTB)、光纤到家(FTTH)和光纤到办公室(FFFO)等,如图1.5所示。

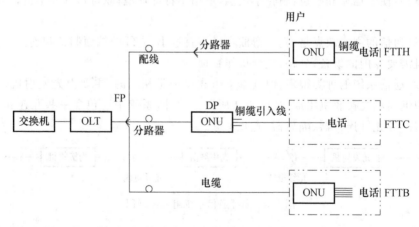

图 1.5　光接入网的应用网络

(2)无源光网络

无源光网络(PON)是一种点对多点的光纤传输和接入技术,下行采用广播方式,上行采用时分多址方式。PON 传输速率下行为 622 Mbit/s 或 155 Mbit/s,上行为 155 Mbit/s,可以灵活地组成树形、星形、总线型等拓扑结构,在光分支点只需要安装一个简单的光分支器即可,是一种纯介质网络。

无源光网络主要采用无源光功率分配器(耦合器)将信息送至各用户。采用光功率分配器会降低功率,因此比较适合短距离使用。若需传输较长距离,或用户较多,可采用光纤放大器提高功率。无光源网络具有节省光缆资源、带宽资源共享、节省机房投资、建网速度快、综合建网成本低等优点。

在各种宽带接入技术中,无源光网络以其容量大、传输距离长、成本较低等优势成为热门技术。之前已经逐步商用化的无源光网络主要有 TDM. PON(APON,EPON,GPON)和 WDM . PON,它们的共同特点是:可升级性好,低成本,接入网中去掉了有源设备,从而避免了电磁干扰和雷电影响,降低了线路和外部设备的故障率,降低了相应的运维成本;业务透明性较好,高带宽,可用于任何制式和速率的信号,能比较经济地支持模拟广播电视业务,支持三重播放(语音、视频、数据)业务;可靠性高。

1.3　智能建筑有线电视系统

为适应数字电视广播和未来高清晰度电视广播的传输需求,并满足不断增长的数据业务对网络带宽的需求,有线电视系统的数字化已全面启动实施。1997 年广播电影电视部将有线电视业务定位为基本业务、扩展业务、增值业务,以推动有线电视系统的数字化。混合光纤同轴电缆(HFC)网络结构的改造是数字化建设的主要方面,根据网络覆盖地域的实际情况,建设环形或星形结构的光纤骨干网,尽量将光节点下移,以缩小同轴电缆分配系统的用户规模;拓宽电缆分配系统的传输带宽,优化回传通道的设计,改善上行信道的传输特性[4]。

数字有线电视与模拟有线电视的主要区别有两点:一是前端系统融合了电视、计算机、数字通信等技术,含有数字电视播出、用户管理等硬件和软件的综合系统;二是用户端需要增加数字机顶盒,以便开展各项业务。有线电视系统数字化的最直接好处是:提高频谱利用率,增加频道容量;有条件接收、加强网络管理;开发交互式业务,增加网络收益。

目前已实施的数字有线电视的传输标准有北美的 ATSC 标准和欧洲的 DVB 标准,我国有线数字电视系统采用 DVB. C 数字有线电视广播系统标准。有线数字电视系统中规定了有线网络内上行传输和下行传输的频率划分,或者标示为反向传输和正向传输的频率划分。上行信道的频段划分为高分割、中分割和低分割,高分割的上行频率范围为 5~87 MHz,中分割频率范围为 5~65 MHz,低分割频率范围为 5~42 MHz。我国采用中分割方式,频段划分标准如表 1.2 所示。

表 1.2　有线电视系统的频段划分

符号	频段(MHz)	业务内容
R	5～65	上行传输
X	65～87	过渡带
FM	87～108	调频广播
A	108～550	模拟电视
D1	550～750	数字电视
D2	750～1000	数据通信

注:表中数字的阈值为左不包含右包含,下同。

1.3.1　有线数字电视系统概述

　　有线数字电视系统一般由数字模拟混合前端、光纤干线传输网络、同轴电缆用户分配系统组成。数字模拟电视信号采用一定的数字混合,经放大后供给光发射机,电信号经光发射机转变为光信号,再经光分路器送入光缆;在接收端则由光接收机转变为电信号,送入同轴电缆分配系统,最后传送至用户。一个典型的有线数字电视系统的组成如图 1.6 所示。

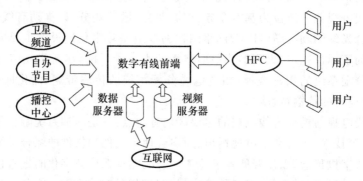

图 1.6　有线数字电视系统的组成

　　目前,许多省份的有线电视台已进行以数字节目播出为主的数字化改造,而前端系统的改造则决定了整个系统开展业务的能力。前端系统将接收到的数字卫星节目信号直接送入复用器,或将模拟电视信号进行相应的编码后也送入复用器,复用器完成多套节目的复用后通过调制器,借助光纤传输到用户终端。随着有线电视数字化的推进,条件接收系统(CAS)、用户管理系统(SMS)、中文电子节目指南(EPG)及各种业务系统在全国范围内开始推广。

1. 数字有线前端的组成

数字有线前端主要由以下部分组成:数字电视信源系统、数字电视业务系统、存储播出系统、复用加扰系统、条件接收系统、用户管理系统、编码调制系统、回传处理系统以及其他辅助系统。数字有线电视前端系统的一般结构如图 1.7 所示,下面对各主要部分进行简单说明。

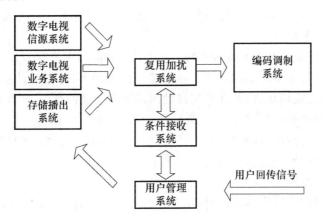

图 1.7　数字有线电视前端系统结构图

(1)数字电视信源系统

数字电视信源系统包括数字卫星信号的接收系统、模拟信号的编码系统、同步数字体系(SDH)网络信号的分接和转换系统。数字电视信源系统还将逐步具有传输来自宽带互联网协议(IP)等多种网络节目源的能力,它的特点是将信号进行一定格式转换,使之成为符合 DVB.C 标准的传输(TS)流信号;它对节目的内容不加以编辑和存储,只起到节目转发的作用。凡是符合 DVB 标准的数字卫星电视接收机,都可以直接输出 TS 流信号,而对于传统的模拟信号或非标准的数字视音频信号,则需要通过压缩编码系统将其转换成 TS 流信号。

数字电视的压缩编码系统的功能是将模拟的视音频信号数字化,采用广播级 MPEG-2 的编码方式进行编码,并实时传输到视频服务器或直接传输到复用器。数字电视节目复用系统将多路单节目数字视频流复合成单路多节目数字视频流,并符合 DVB 传送标准,调整节目带宽实现多节目的数字广播,并确保与 CA 及其他系统的良好配合。

(2)存储播出系统

存储播出系统包括节目素材上载与收录系统、节目存储与节目库管理系统、节目预编/审核系统、准视频点播系统(NVOD)和专业频道管理播出系统。存储播出系统的特点是可以对多种格式节目进行上载,收录存储多种传输方式的节目,并将其转换成 TS 流文件,并且支持手动和自动采集方式;可以对节目库中存储的文件进行分类编目,提供高效的文件检索功能;可以对播出(延时播出)的节目进行监审/编辑;可通过准视频点播系统和专业频道管理播出系统完成节目播出。

(3)业务系统

有线电视台播出前端对素材和信息进行编辑和整理,采用 DVB.DATA 标准对信息进行封装,完成播出 TS 流的打包;接收端机顶盒集成相应接收模块,完成对数据信息的解析。目前,国内的业务系统包括数据广播、互联网接入、实时股票信息等。

(4)复用加扰系统

复用加扰系统将从数字有线前端输入的信号,根据码率进行节目、数据信息复用,并完成加扰,形成若干个频道的码流。根据使用设备的不同,系统的结构也各不相同,有些复用器内置加扰模块,信号在复用器的内部可以完成加扰;有些复用器内部不具有加扰模块,需要外接独立加扰设备。多路复用器是整个系统的核心部分,相当于交通枢纽中心,不同方向运载的货物经过复用器后,复用器会根据用户的不同需求重新装到不同的车上,从不同的路径运到不同的用户手中。

(5)用户管理系统

用户管理系统与条件接收系统使用专用的接口进行连接,主要对网络中的信号进行商品化定义、管理以及用户收看节目的权限控制和收费。用户管理系统主要对用户信息、用户设备信息、节目预定信息、用户授权信息、财务信息等进行处理、维护和管理,同时可为其他子系统提供用户授权管理的基本数据库信息。用户管理系统包括用户档案信息、用户收视信息、银行收费系统和用户结算及授权信息的管理,最终实现服务提供、最终用户反馈和统计记录、用户智能寻址和收费管理等。

(6)条件接收系统

条件接收系统只允许具有授权的用户使用相对应的业务,而未经授权或权限受限的用户不能使用相关业务。条件接收系统通过对各项数字电视广播业务进行授权管理和接收控制实现各项功能。该系统是一个复杂的综合性系统,涉及多种技术,包括系统管理技术、网络技术、加解扰技术、加解密技术、数字编解码技术、数字复用技术、接收技术、智能卡技术等,同时也涉及业务开展、用户管理、节目管理、收费管理等信息管理应用技术。

条件接收系统是数字电视接收控制的核心技术保障系统。该系统可以按不同情况对数字电视广播业务按时间、频道和节目进行管理控制。在用户端,未经授权的用户不能对加扰节目进行解扰,因此无法收看该节目。条件接收是现代信息加密技术在数字电视领域的具体应用。

2. 有线数字电视的特点

有线数字电视系统的优点是易于实现前端与用户间的双向交互式传输,向用户提供方便的视频点播、信息查询、上网浏览以及电视购物等功能。有线数字电视是一项全新的有线电视服务系统,与传统的模拟电视相比,有线数字电视有以下特点和优势。

1)内容更精彩。提供了更多的基本电视节目,使用户在享受广播电视服务的同时,还能够享受到如股票、生活服务、市政公告、天气预报、交通信息等各种资讯信息的服务。

2)节目更个性。具备 100 多个专业化电视节目,用户能够按照自己的需要,点播想看的电视节目,可以享受如在线游戏、短信等多种交互式点对点的娱乐和信息等服务。

3)收视更方便。独特的电子节目指南为用户提供了一张电子版的电视节目报。

4)图像更清晰。能够提供更加清晰的图像和优美的音质,用户可以享受到高清晰度电视节目和电影院的音响效果。

5)频道更丰富。有线电视数字化使频谱资源得到了充分的释放,模拟电视一般只能传输电视节目 50 套左右,而有线数字电视节目容量可以达到 500 套,能够提供更丰富多彩的节目。

1.3.2　数字电视基本知识

数字电视是高科技的产物,指从节目摄制、制作、编辑、存储、发送、传输,到信号接收、处理、显示等全过程完全数字化的电视系统。数字电视系统建成后成为一个数字信号传输平台,它使整个广播电视节目制作和传输质量显著改善,图像的清晰度是现有模拟电视的几倍,信道资源利用率大大提高,在技术上可以达到同时播出 500 套节目的容量。数字电视具有丰富的电视节目,并且能够提供其他增值业务,如数据广播、视频点播、电子商务、软件下载、电视购物、资讯服务、互动游戏等。

数字电视采用了包括超大规模集成电路、计算机、软件、数字通信、数字图像压缩编解码、数字伴音压缩编解码、数字多路复用、信道纠错编码、各种传输信道的调制解调以及高清晰显示器等技术,它是继黑白电视和彩色电视之后的第三代电视。

数字电视按其传输视频(活动图像)比特率的大小,粗略划分为三个等级,即普及型数字电视(PDTV)、标准清晰度数字电视(SDTV)、高清晰度数字电视(HDTV)。三者的区别主要在于图像质量和信号传输时所占信道带宽。

PDTV 采用逐行扫描,视频比特率为 1～2 Mbit/s,显示清晰度为 300～350 线,只有影音光碟(VCD)级图像分辨率。

SDTV 采用隔行扫描,视频比特率为 4～6 Mbit/s,显示清晰度为 350～400 线,图像质量相当于演播室水平,显示图像分辨率为 720×576 像素(PAL 制)或 720×480 像素(NTSC 制),成本较低,具备数字电视的各种优点。

HDTV 是目前世界上发达国家积极开发应用的高新电视技术,它采用数字信号传输技术,比普通模拟电视信号传输具有更强的抗干扰性能。HDTV 采用隔行扫描,视频比特率为 18～20 Mbit/s,显示清晰度为 800～1000 线,图像质量可达或接近 35 mm 宽银幕电影的水平,显示图像分辨率达 1920×1080 像素,幅型比为 16∶9,配合多声道数字伴音,适合大屏幕观看。HDTV 是一种电视业务,原国际无线电咨询委员会(CCIR,现改名为 ITTU)给高清晰度电视下的定义是:高清晰度电视是一个透明的系统,视力正常的观众在观看距离为显示屏高度的 3 倍处所看到的图像的清晰程度,与观看原始景物或表演的感觉相同。

HDTV 具有以下鲜明的特点:图像清晰度在水平和垂直方向上均是常规电视的 2 倍以上;扩大了彩色重显范围,使色彩更加逼真,还原效果好;具有大屏幕显示器,画面幅型比(宽高比)从常规电视的 4∶3 变为 16∶9,符合人眼的视觉特性。

1.4 智能建筑卫星通信系统

1.4.1 卫星通信系统概述

1. 卫星通信的定义

卫星通信是指利用人造地球卫星作为中继站转发无线电波,在两个或多个地球站之间进行的通信。它是在微波通信和航天技术基础上发展起来的一门新兴的无线通信技术,其无线电波频率使用微波频段(300 MHz～300 GHz)。其中,地球站是指设在地球表面(包括地面、海洋和大气中)的无线电通信站;用于通信的人造卫星称为通信卫星;这种利用人造地球卫星在地球站之间进行通信的通信系统,则称为卫星通信系统。

卫星通信是宇宙无线电通信的形式之一。通常,把以宇宙飞行体为对象的无线电通信统称为宇宙通信。其中,宇宙站是指设在地球大气层之外的宇宙飞行体(如人造通信卫星、宇宙飞船等)或其他天体(如月球或其他行星)上的通信站。宇宙通信包括以下基本形式:地球站与宇宙站之间的通信;宇宙站之间的通信;通过宇宙站的转发或反射进行的地球站之间的通信。其中,地球站是指设在地球表面(包括地面、海洋或大气层)的通信站。当卫星是静止卫星时,这种卫星通信称为静止卫星通信。

利用卫星进行通信的过程如图 1.8 所示,图中 A,B,C,D 和 E 分别表示进行通信的各地球站。例如,A 站通过定向天线向通信卫星发射无线电信号,先被通信卫星天线接收,再经转发器放大和变换,由卫星天线转发到 B 站;当 B 站接收到信号后,就完成了从 A 站到 B 站的信息传递过程。其中,从地球站发射信号到通信卫星接收信号所经过的通信路径称为上行链路,而通信卫星将信号再转发到其他地球站的通信路径则称为下行链路。

目前,绝大多数通信卫星是地球同步卫星(静止卫星)。早在 1945 年,英国学者克拉克就在其著作中指出,利用人造卫星可以实现人们梦寐以求的全球通信。他设想以3个间隔为120°的人造卫星,等距离地设置在赤道上空约36000 km的轨道上,即可实现全球通信。1957年10月4日,苏联成功发射了第1颗人造地球卫星斯普特尼(Sputnik),开创了人类走向太空的新纪元。之后,人造卫星就被广泛应用于宇宙观测、气象观测、通信及广播电视等领域。

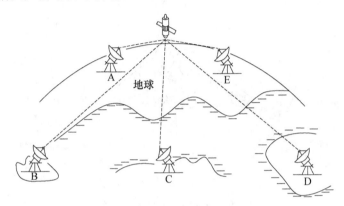

图1.8　卫星通信过程示意图

　　静止卫星的运行轨道是赤道平面内的圆形轨道,距地面高度约36000 km。它运行的方向与地球自转的方向相同,绕地球旋转一周的时间,即公转周期恰好是24 h,和地球的自转周期相等。从地球上看去,如同静止一般,故叫静止卫星。静止卫星并非卫星真的静止不动,而是与地球同步运行,故又叫地球同步卫星。由静止卫星作为中继站组成的通信系统称为静止卫星通信系统或同步卫星通信系统,它可以实现不同卫星覆盖区域内的地球站之间的通信。显然,从理论上讲,只要3颗卫星等间隔排列,就可以实现全球通信,这是其他任何通信方式所不可能实现的。目前,国际卫星通信和绝大多数国家的国内卫星通信大部分都采用静止卫星通信系统,如图1.9所示。例如,由国际通信卫星组织负责建立的国际卫星通信系统(IS),就是利用静止卫星实现全球通信的。静止卫星所处的位置分别在太平洋、印度洋和大西洋上空,它们构成的全球通信网承担着绝大多数的国际通信业务和全部国际电视转播工作。我国的"东方红"通信卫星也是静止通信卫星。

　　2.卫星通信的分类及特点

　　(1)卫星通信系统的分类

　　卫星通信系统的分类方法很多,可以按照卫星的运动状态、卫星的通信范围、卫星的转发能力、基带信号的体制、多址方式、通信业务种类以及卫星通信所用的频段不同来区分。典型的分类方法如下。

　　1)按卫星运动状态,分为同步卫星通信系统和运动卫星通信系统。

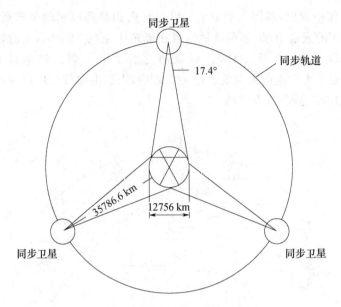

图 1.9 全球同步卫星通信示意图

2)按卫星轨道,分为同步轨道卫星通信系统、中高度轨道卫星通信系统和低高度轨道卫星通信系统。

3)按通信覆盖区,分为国际卫星通信系统、国内卫星通信系统和区域卫星通信系统。

4)按用户性质,分为公用(商用)、专用和军用卫星通信系统。

5)按多址方式,分为频分多址卫星通信系统、时分多址卫星通信系统、空分多址卫星通信系统、码分多址卫星通信系统和混合多址卫星通信系统。

6)按通信业务,分为固定地球站卫星通信系统、移动地球站卫星通信系统、广播业务卫星通信系统和科学试验及其他业务(如教学、气象、军事等)卫星通信系统。

7)按基带信号体制,分为模拟卫星通信系统和数字卫星通信系统。

以上分类从不同的侧面反映出卫星通信系统的特点、性质和用途,综合起来便可较全面地描绘出某一具体的卫星通信系统的特征。

(2)卫星通信的特点

卫星通信与其他通信手段相比,具有以下特点。

1)通信距离远,且费用与通信距离无关。利用静止卫星进行通信,其最大距离可达18100 km。建站费用与维护费用并不因地球站之间的距离远近及地理条件的恶劣程度而有所变化。显然,这是地面微波中继通信、光纤通信以及短波通信等其他手段所不能比拟的。

2)覆盖面积大,可进行多址通信。许多其他类型的通信手段,通常只能实现点对点的通信,例如地面微波中继线路只有干线或分支线路上的中继站才能参与通信。卫星通信由于覆盖面积大,只要是在卫星天线波束的覆盖区域内,都可设置地球站,这些地球站可共用同一颗卫星进行双边或多边通信。

3)通信频带宽,传输容量大,适用于多种业务传输。卫星通信使用微波频段,信号所用带宽和传输容量要比其他频段大得多。目前,卫星通信带宽已超过 3000 MHz。一颗卫星可传输几千路以至上万路电话数据,并可传输多达几百路的彩色电视数据和其他信息。

4)通信链路稳定可靠,通信质量高。卫星通信的电波主要是在大气层以外的宇宙空间传输,而宇宙空间是接近真空状态的,电波传输比较稳定。同时它不受地形、地物(如丘陵、沙漠、丛林、沼泽地)等自然条件的影响,且不易受自然、人为干扰以及通信距离变化的影响,传输质量高。

5)机动性好。卫星通信不仅能作为大型固定地球站之间的远距离干线通信,而且可以在车载、船载、机载等移动地球站之间进行通信,甚至还可以为个人终端提供通信服务。

6)可以自发自收监测。当收发端地球站处于同一覆盖区域内时,本站同样能收到自身发出的信号,以便监视本站所发消息传输的正确性以及传输质量的优劣。

7)卫星通信的应用范围极其广泛,不仅可以用于传输语音、电报、数据等,还特别适用于广播电视节目的传送。但是,卫星通信也存在以下缺点:地球的两极地区为通信盲区,在高纬度地区通信效果不好;静止卫星发射和控制技术比较复杂;存在日凌中断和星蚀现象;具有广播特性,比较容易被窃听,保密措施需要加强(主要从防窃听和信息加密两个方面考虑);有较大的信号传输延迟和回波干扰。

在静止卫星通信系统中,从地球站发射的信号经过卫星转发到另一个地球站时,单程传输时间约为 0.27 s。双向通信时,一问一答往返传输延迟约 0.54 s,通话时给人一种不自然的感觉。如果不采取特殊措施,由于混合线圈不平衡等原因,还会产生回波干扰,即发话者 0.54 s 以后会听到自己讲话的回声。

3. 卫星通信的发展趋势

半个世纪以来,卫星通信技术发展迅速。当前,我国正在利用自己发射的通信卫星和租用国际卫星,积极建设国家公用卫星通信网和各部门的专用卫星通信网。纵观卫星通信发展史,卫星通信除了移动化、宽带化外,目前还存在以下发展趋势。

(1)大力开发和应用低轨道移动卫星通信系统

对地静止轨道资源非常有限,因此国际电信联盟(ITU)鼓励采用对地同步轨道及对地非静止轨道。宽带低轨道系统正在加紧开发,与地面移动通信系统相结合,可实现全球个人通信。

(2)卫星通信应用从 C 频段向其他可用频段延伸

由于频率资源日益紧张,C 频段和 Ku 频段已逐渐趋于饱和,因此要采用更高的频段，Ka 频段静止轨道卫星系统已逐步走向实用化，卫星通信网逐步从窄带向宽带过渡。

（3）地面终端向小型化、综合化及智能化方向发展

终端可工作在多个频段，支持综合业务，适应多种多址接入方式、调制方式和编码方式，传输速率可改变。

（4）同步卫星向大容量、多波束、智能化方向发展

传统的 C 频段、Ku 频段静止轨道卫星将保持稳定发展，并将以大容量（转发器数量在 50 个左右）、高功率（功率为 8000～15000 W）和长寿命的新系统逐步替换现有系统。

（5）新业务不断开展

如无线互联网、组播和交互式电视、移动语音、数据通信、数字视频广播、数字音频广播、多媒体通信和互联网接入等。

1.4.2　卫星通信系统的工作原理

1. 卫星通信系统的组成

利用卫星进行通信，除了应有通信卫星和地球站以外，为了保证通信的正常进行，还需要对卫星进行跟踪测量，并对卫星在轨道上的位置及姿态进行监视和控制，而完成这一功能的设施就是跟踪遥测和指令系统。此外，为了对卫星的通信性能及参数进行通信业务开通前后的监测与管理，还需要监控管理系统。

卫星通信系统包括通信和保障通信的全部设备，主要由跟踪遥测指令分系统、监控管理分系统、通信卫星及地球站等组成。如图 1.10 所示。

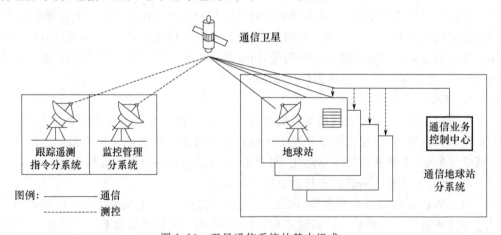

图 1.10　卫星通信系统的基本组成

（1）跟踪遥测指令分系统

对卫星进行跟踪测量，控制其准确进入轨道上的指定位置。当卫星正常运行后，要

定期对卫星进行轨道修正和位置保持,必要时控制通信卫星返回地面。

(2)监控管理分系统

在业务开通前后,负责对轨道定点上的卫星进行通信性能的监测和控制,以保证正常通信。例如,卫星转发器功率,卫星天线增益,各地球站发射功率、射频功率和带宽等基本通信参数。

(3)通信卫星

通信卫星(空间分系统)由主体部分的通信系统,保障部分的遥测指令和控制系统以及电源(包括太阳能电池和蓄电池)等组成。通信卫星主要起无线电中继站的作用,它是靠卫星上通信系统的转发器(微波收发信机)和天线来发挥作用的。卫星转发器收到地面发来的信号(称为上行信号)后,进行低噪声放大、混频、功率放大,最后将信号(称为下行信号)发射回地面。一个通信卫星往往有多个转发器,可以转发一个或多个地球站信号,每个转发器被分配在某一工作频段中,并根据所使用的天线覆盖区域,租用或分配给处在覆盖区域的卫星通信用户。卫星通信中,上行信号和下行信号频率是不同的,这是为了避免在卫星通信天线中产生同频率信号干扰。

(4)地球站

地球站是连接卫星线路和用户的中枢。用户将需要传输的信息通过微波送到地球站,地球站再将信息通过天线送至卫星;由卫星将接收到的信息送回地球站,最后经地球站送到需要通信的用户。

2. 卫星通信系统的工作过程

在一个卫星通信系统中,各地球站中已调载波的发射或接收通路,经过卫星转发器转发,可以组成很多条单跳或双跳的双工或单工卫星通信线路,整个通信系统的通信任务就是利用这些线路完成的。单跳单工的卫星通信系统进行通信时,地面用户发出的基带信号通过地面通信网络传送到地球站。在地球站,通信设备对基带信号进行处理,使其成为已调射频载波后发送到卫星。卫星接收此系统中地球站用上行频率发来的所有已调射频载波,再进行放大和变额,用下行频率发送到接收地球站,信号功率增益一般为 $100\sim130$ dB。地球站对接收到的已调射频载波进行处理,解调出基带信号,再通过地面网络传送给用户。为了增大发送输出信号和接收输入信号之间的隔离度,避免两者相互干扰,上行频率和下行频率一般使用不同的频谱,且尽量保持足够大的间隔。

3. 通信卫星

通信卫星是卫星通信的心脏,它实际上是一个通信中继器,是卫星通信系统中最重要的组成部分,其作用是为多个有关地球站转发(或反射)无线电信号,沟通信道,以实现多址的中继通信。一般而言,通信卫星由空间平台和有效负荷组成,其组成原理如图 1.11 所示。

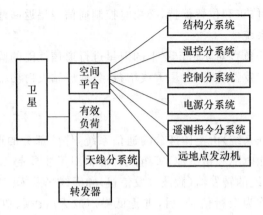

图 1.11　通信卫星组成示意图

（1）空间平台

空间平台又称卫星公用舱，是用来维持通信转发器和通信天线在空中正常工作的保障系统。它主要由结构分系统、温控分系统、遥测指令分系统、控制分系统和电源分系统组成。静止卫星还包括远地点发动机等。

1）结构分系统。它是卫星的主体，使卫星具有一定的外形和容积，并能承受星上各种载荷和防护空间环境的影响，一般由轻合金材料或复合材料组成，外部涂有保护层。

2）控制分系统。该系统由一些机械的或电子的可控调整装置组成，如各种喷气推进器、驱动装置和转换开关等，主要包括姿态控制和位置控制。在地面遥控指令站的指令控制下，完成远地点发动机点火控制，对卫星的姿态、轨道位置、各分系统的工作状态和主备份设备的切换等进行控制和调整。

3）遥测指令分系统。为保证通信卫星正常运行，需要了解卫星内部各种设备的工作情况，以便必要时通过遥测指令调整某些设备的工作状态。

卫星上的遥测信号包括使卫星保持正确的姿态和正常的工作状态的信号，地面测控中心接收到信号后通过解调、解码，恢复出遥测信号，并将它们送到计算机中，进行信号处理。当发现卫星上某些信号参数不符合要求时，就会立即发出指令信号送到卫星上，卫星上指令接收机接收到该信号后，经检测和译码后送到控制机构。

4）温控分系统。卫星的一面能够接收太阳辐射，另一面却对着寒冷的太空，处于严酷的温度条件之中。温控分系统的作用就是控制卫星各部分的温度，保证星上各种仪器设备正常工作。通常，卫星上的温度控制可分为消极温度控制和积极温度控制。消极温控是指用涂层、绝热和吸热等办法传热，它的传热方式主要是传导和辐射。积极温控是指用自动控制器对卫星所受热进行传热平衡的方法。

5）电源分系统。卫星上的电源主要有太阳能电池、化学电池和原子能电池等。目前，仍以太阳能电池和化学电池为主，一般会将可以充放电的化学电池和太阳能电池并用,星蚀期间可由化学电池供电。为了使供电稳定,电源分系统还设有电源控制电路。

（2）有效负荷

1）天线分系统。天线分系统是卫星有效载荷的另一个主要组成部分,它承担了接收上行链路信号和发射下行链路信号的双重任务。卫星天线设在卫星壳体外面,它们体积小、质量小、馈电可靠性高、寿命长,具有在卫星上组装的结构和特点,但是要求天线材料必须耐高温和耐辐射。

卫星天线分为遥测指令天线和通信天线。遥测指令用的天线是工作在高频和甚高频的全方向性天线,它被用在卫星进入静止轨道之前和进入静止轨道后,向地面控制中心发射遥测信号和接收地面信号。通信天线为对准地球上通信区的微波天线,必须方向性强、增益高,以增加卫星的有效辐射功率,要使天线波束永远指向地球。

2）转发器。卫星上的转发器又称为通信分系统。它是通信卫星的核心部分,实际上是一部高灵敏度的宽带收发信机,其性能直接影响到卫星通信系统的工作质量,其功能是使卫星具有接收、处理并重发信号的能力。对转发器的基本要求是:以最小的附加噪声和失真,以足够的工作频带和输出功率为各地球站有效而可靠地转发无线电信号。

通信转发器的噪声主要有热噪声和非线性噪声,其中热噪声主要是来自设备的内部噪声和来自天线的外部噪声,非线性噪声主要是由转发器电路或器件特性的非线性引起的。通常,一颗通信卫星有若干个转发器,每个转发器覆盖一定的频段。转发器需要工作稳定可靠,能以最小的附加噪声和失真以及尽可能高的放大量来转发无线电信号。

4. 卫星电视

有线电视系统的重要节目来源之一是通过卫星传送的众多的卫星电视广播。就我国情况而言,现在通过卫星转发的电视节目已多达百套,仅中央电视台就已拥有十套以上节目。今后,随着卫星电视广播事业的发展,全国各省份会有更多的电视节目通过卫星传送。

卫星电视广播是指利用卫星来转发电视节目的广播系统,通过卫星先接收地面发射站送出的电视信号(上行信号),再利用转发器把电视信号(下行信号)送回到地球上的指定区域,从而实现电视信号的传输。为了使卫星地面接收站能够采用方向性很强的高增益天线,长时间稳定地接收来自卫星的微弱电视信号,就必须使卫星运行于地球同步轨道。

（1）卫星电视广播的优点

卫星电视广播具有以下优点。

1）覆盖面积大。一颗位于赤道上空 35786 km 的同步卫星电波能覆盖近 40% 的地球表面,采用波束赋形技术就能把电波能量集中到需要覆盖的地区。

2）传送质量高。与地面微波传送或电视差转等多环节相比较,卫星电视广播传输环节少,信号电波自上而下,不易受山峰或高大建筑的阻挡,也没有电波反射造成的重影等问题,传送质量高,而且稳定可靠。

3)节目套数多,信息容量大。卫星电视传送所占用的频段较宽,可容纳的频道多。例如,目前在轨运行的"亚洲一号""中星五号""亚太一号""东方红三号"卫星均有 24 个转发器,可以传送几十套节目,节目内容丰富多彩。同时,利用卫星转发器还可进行通信、数据广播、高保真声音广播、静止画面广播、高清晰度电视和立体电视广播等。

4)投资省,见效快。发射卫星需要较多投资,但与在地面建设一个功效相同的电视覆盖网相比,却是既省又快。我国幅员辽阔,地形复杂,要实现广播电视的全国覆盖十分困难。如果用地面系统覆盖全国,需建 2000 多座 1 kW 以上的电视发射台,而且建设周期长,维护管理十分困难。根据亚洲广播联盟提供的资料,对于我国这样幅员辽阔的国家来说,采用卫星电视能够比地面电视广播网节约 50% 以上的经费。

(2)卫星电视广播系统的组成

利用人造地球卫星进行声音广播和电视广播所用到各种设备的组合,称为电视广播系统。卫星电视广播系统由上行发射站、电视广播卫星、地球控制站、地球接收站组成,如图 1.12 所示。

图 1.12　卫星电视广播系统的组成

1)上行发射站。上行发射站的主要任务是把电视中心的电视信号,通过主发射站与控制站传送给电视广播卫星,同时接收卫星转发的电视广播信号,以监测信号发射质量并控制上行站天线指向。上行发射站可以是一个或多个,其中主发射站是固定的发射中心,其他发射站可以是固定的,也可以是移动的。

2)地球控制站。地球控制站一般与主发射上行站设置在一起,它的主要任务是使卫星在轨道上正常工作。

地球控制站能够随时了解卫星在轨道上的位置和工作状态,必要时向卫星发出遥控指令,调整卫星的姿态和调整天线或者切换星上设备工作状态。

3)电视广播卫星。电视广播卫星是卫星电视广播系统的核心。星体对地面应当是静止的,要求其公转一周的时间与地球自转周期严格地保持一致,并且还要保持正确的姿态。它的主要任务是接收地面上行发射台发送的广播电视信号,并向服务区转发。卫星的星载设备一般由天线、太阳能电源、电视转发器和控制系统等组成。

4)地球接收站。地球接收站的主要任务是接收卫星下行的节目信号,作为地面传输用的节目源,也可以通过有线电视系统分配给用户。集体或个体的卫星电视接收是卫星电视广播的服务对象,其构成一个广大的接收网。地球接收站的主要接收设备有卫星接收天线、高频头、卫星电视接收机等。

(3)卫星电视广播的频段划分

随着卫星通信和直播技术的发展,同步卫星需要兼顾电视广播、通信、电话等业务,为避免无线电通信与电视广播互相干扰,加强频率管理,ITU 把世界划分为三个频率区域:第一区包括非洲、欧洲、土耳其、阿拉伯半岛及原苏联亚洲部分和蒙古国;第二区包括南美洲和北美洲;第三区包括亚洲的大部分、大洋洲和南太平洋。我国属于第三区。

ITU 在 1971 年举行的世界无线电行政大会(WARC)上,第一次对卫星广播业务使用的频率进行了分配;在 1977 年和 1979 年召开的 WARC 会议上,对卫星通信业务可使用的频段进行了分配。表 1.3 列出了卫星广播下行线路使用的各个频段。

表 1.3　卫星广播下行频率分配

频段	频率范围(GHz)	带宽(MHz)	分配区域
L	0.62~0.79	170	全世界
S	2.50~2.69	190	全世界
C	3.40~4.20	800	全世界
Ku	11.70~12.20	500	第二、三区
	12.21~12.50	800	第一区
	12.51~17.75	250	第三区
Ka	22.50~23.00	500	第三区
Q	40.50~42.50	2000	全世界
W	84.00~86.00	2000	全世界

为了充分利用各频段内的无线电频谱,并防止互相干扰,通常将频段分成若干个频道。划分频道时,要确定每个频道的带宽,还要确定相邻频道的间隔及频段两端的保护带。目前,世界各国卫星电视广播普遍采用 C 频段和 Ku 频段。

我国的卫星电视广播最早使用通信卫星的 C 频段传输模拟电视广播信号,随着Ku 频段卫星技术日臻成熟,从 1996 年起,我国逐步开始利用较大功率的 C 频段、Ku频段的卫星转发器传输数字广播电视节目。目前,我国卫星电视 C 频段主要使用的频率范围是 3.4~4.2 GHz,Ku 频段为 11.7~12.2 GHz,通常情况下,直播卫星都采用Ku 频段进行信号传输。

(4)卫星直播数字电视

卫星直播数字电视系统主要由卫星数字电视上行发射站、卫星转发器和地面卫星数字接收系统等部分组成。

卫星数字电视上行发射站的主要功能是将节目制作中心传输的模拟或数字电视信号（视频与伴音），进行信源压缩编码、信道抗干扰编码和多进制数字调制等处理，再经过频率变换，将信号变频为上行微波信号发送给卫星，同时负责对卫星转发器的工作状态进行监控。

卫星转发器的主要功能是接收来自上行发射站的上行微波信号，对接收到的微弱信号进行低噪声放大，并将信号频率变换为下行微波信号频率，再经功率放大达到足够的发射功率后，转发给地面卫星数字接收系统。

地面卫星数字接收系统的主要功能则是将所接收到的微弱的卫星下行微波信号，经低噪声放大、下变频、数字解调、信道解码和视频解压缩等一系列处理之后，得到数字音视频信号，再经数模转换后重新恢复出原电视信号。

（5）数字卫星电视接收机

数字卫星电视接收机是指地面卫星数字接收系统中放置于室内的那一部分设备，故又称为室内数字接收单元、数字卫星电视机顶盒或综合接收解码器（IRD）。其基本功能是将室外单元通过射频电缆传送下来的第一中频信号（950～2150 MHz），经本机变换器处理后输出视频和音频信号，提供给用户的电视机、监视器或其他调制转发设备。与模拟卫星电视接收机不同的是，为了适应卫星电视广播技术的发展，满足开展新的数字业务的需求和方便不同用户的使用，数字卫星电视接收机在接收和处理数据能力、新增的操作功能和用户交互界面的设计上都有了很大的进步。

数字卫星电视接收机的系统组成如图 1.13 所示。由卫星接收天线接收的数字卫星电视信号，经高频头进行下变频得到频率较低的第一中频信号，通过射频电缆送给数字卫星电视接收机。输入接收机的数字电视信号经过信道解码和信源解码，将接收的数字码流转化为压缩前的分量数字视频信号，再经 D/A 转换和视频编码转换为模拟电视信号，送到普通的电视接收机。

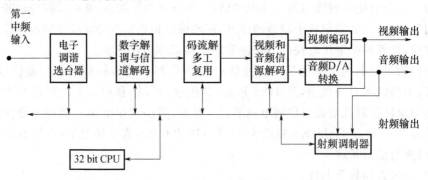

图 1.13　数字卫星电视接收机系统的基本组成框图

一台最基本的卫星电视接收机,通常应包括以下部分:电子调谐选台器、中频放大与解调器、信号处理器、伴音信号解调器、前面板指示器、电源电路。插卡数字机还包括卡片接口电路等。随着集成电路技术的发展,数字卫星电视接收机的整机构成芯片数量越来少。从七片方案到目前的单片方案,使得数字卫星电视接收机的体积不断减小,成本不断降低,功能却不断增强。数字卫星电视正朝着功能多样化的方向发展,交互业务、网站浏览等功能的出现不仅需要硬件的支持,同时也需要增加大量的软件。可以说,软件的完善程度直接影响着数字卫星电视接收机在市场上的竞争力。因此,今后数字卫星电视接收机的开发将对软件提出更多、更高的要求。

1.5　智能建筑电话通信系统

1.5.1　电话通信系统概述

电话通信系统已成为各类建筑物必须设置的弱电系统。以前的电话通信系统主要满足语音信息传输功能,现代电话通信系统已发展为电话、传真、移动通信和数字信息处理等电信技术和电信设备组成的综合通信系统。科学技术和社会信息化的高速发展,推动了现代通信技术的进步,使得现代通信网正朝着数字化、智能化、综合化、宽带化和个人化的方向发展[5]。

1. 电话通信系统的组成

电话通信系统是通信系统的主要组成部分之一,如图 1.14 所示。电话通信系统主要包括电话交换设备、电话传输设备和用户终端设备。

图 1.14　电话通信系统示意图

(1)用户终端设备

用户终端设备包括电话机、传真机等。用户终端设备通过接入数字用户交换机的市话中继线连成全国乃至全球电话网络。用户终端设备用来完成信号的发射和接收,电话通信系统中,终端设备就是电话机。尽管电话机制式多种多样,但终端设备的基本功能都是在用户发话时将语音信号转换成电信号,同时将对方终端设备接收的电信号还原为语音信号。此外,终端设备还具有产生和发射表示用户接续要求的控制信号功能,这类控制信号包括用户状态信号和建立接续的选择信号等。

（2）电话传输设备

电话传输设备是指终端设备和交换中心、交换中心和交换中心间的传输线及相关设备。电话传输设备负责在各交换点之间传递信息，其通信线路网络采用结构化综合布线系统或常规线路传输系统。

电话传输设备按传输媒介分为有线传输（明线、电缆和光纤等）和无线传输（短波、微波中继和卫星通信等）。在电话通信系统中，传输线路主要是指用户线和中继线。常见的电话传输媒体有市话电线电缆、双绞线和光缆。为了提高传输线路的利用率，对传输线路常采用多路复用技术。图1.15所示的电话网中，A，B，C为其中的三个电话交换局，局内装有交换机。交换可能在一个交换局的两个用户之间进行，也可能在不同的交换局的两个用户之间进行，两个交换局用户之间的通信有时还需要经过第三个交换局进行转接。

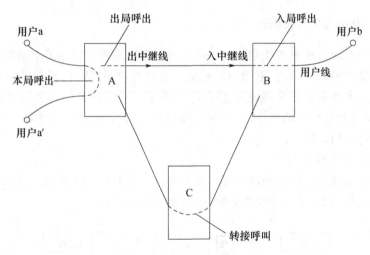

图1.15　电话传输系统示意图

（3）电话交换设备

电话交换设备是电话通信系统的核心，一般采用程控数字用户交换机或虚拟交换机。电话交换设备根据主叫用户终端发出的信号选择被叫，使两个终端建立连接。连接主被叫有时要经过多级才能完成。交换设备有多种制式，其相互间可通过接口技术协调工作。交换设备按使用场合的不同，分为大型交换机和专用交换机。前者用于公共交换电话网络（PSTN），如市话交换机和长途交换机；后者又称用户交换机，其容量有限，可用于单位内部，这样单位内部通话不必经过市话局，既减轻了市话局通信负荷，又降低了通信费用。如进一步区分，用户交换机有通用型和专用型。通用型适用于以语音业务为主的单位；专用型适用于各种不同特点的单位，如宾馆型交换机有计费、留言和叫醒服务等功能。

　　交换机的作用是完成用户与用户之间语音和数据的交换,其发展经历了以下阶段:
人工交换阶段,如磁石式电话交换机、共电式电话交换机;机电式自动交换阶段,如步进
制交换机、机动制交换机、纵横制交换机;电子式自动交换阶段,如半电子交换机、全电
子交换机、模拟程控交换机、数字程控交换机。

　　2. 电话通信的基本原理

　　电话通信是通过声能和电能相互转换,并利用电作为介质传输语音的通信技术。
两个用户通信的最简单形式是将两部电话机用一对线路连接起来,主叫用户在终端的
送话器前讲话时,声波通过空气振动作用传输到送话器并产生相应电信号;该电信号经
传输设备和交换机送至终端的受话器,受话器收到电信号并转换为声波,通过空气振动
最终传输到被叫用户的耳朵。可见,电话通信时,发送端通过送话器将声波变为电信
号,传输至接收端,接收端通过受话器将电信号还原为声波。对可视终端而言,则是图
像信号在发送端转换为电信号,经传输系统、交换系统传输至接收端,接收端再将电信
号还原为图像信号。可以看出,电话通信是用户间双向点对点通信。

1.5.2　通信原理基础知识

　　实现信息传递所需的一切技术设备和传输媒介的总和称为通信系统。以基本的点
对点通信为例,通信系统的组成(通常也称为一般模型)如图 1.16 所示。

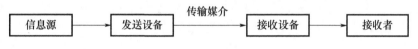

图 1.16　通信系统组成框图

　　信息源(信源,也称发终端)是原始电信号的来源,如语音、数据等。它的作用是把
待传输的消息转换成原始电信号,如电话系统中电话机可以看作是信源。信源输出的
信号称为基带信号,指没有经过调制(进行频谱搬移和变换)的原始电信号。其特点是
信号频谱从零频附近开始,呈低通形式。根据原始电信号的特征,基带信号可分为数字
基带信号和模拟基带信号,信源也分为数字信源和模拟信源。

　　接收者(也称受信者或收终端或信宿)是原始信号的最终接收者。它的作用是将复
原的原始电信号转换成相应的消息,如电话机将对方传来的电信号还原成了声音。

　　发送设备能够对信息源产生的原始电信号进行处理和变换,使其变换成适合于在
信道中传输的形式。变换方式是多种多样的,在需要频谱搬移的场合,调制是最常见的
变换方式。对传输数字信号来说,发送设备又常常包含信源编码和信道编码等。

　　传输媒介是发送设备和接收设备之间信号传递所经过的媒介。它是信号传输的通
道,可以是有线的,也可以是无线的,甚至可以包含某些设备。

　　接收设备能够完成发送设备的反变换,即进行解调、译码、解码等。它的任务是从

带有干扰的接收信号中恢复出相应的原始电信号。

参考文献

［1］王娜,余雷,沈国民.智能建筑概论(第二版)[M].北京:中国建筑工业出版社,2017.

［2］龙惟定,程大章.智能化大楼的建筑设备[M].北京:中国建筑工业出版社,1997.

［3］沈瑞珠.楼宇智能化技术(第二版)[M].北京:中国建筑工业出版社,2013.

［4］马少华.楼宇设备自动控制[M].北京:中国水利水电出版社,2004.

［5］沈晔.楼宇自动化技术与工程(第 3 版)[M].北京:机械工业出版社,2014.

第 2 章　智能建筑安全信息系统

2.1　智能建筑安全管理信息系统

2.1.1　视频监控系统

闭路电视监控系统(CCTV)是安全防范技术体系中的一个重要组成部分,是一种先进的、防范能力极强的综合系统[1]。它可以通过遥控摄像机及其辅助设备(云台、镜头)直接观看被监视场所的一切情况,把被监视场所的图像、声音内容同时传到控制中心,使被监视的情况一目了然。闭路电视监控系统还可以与防盗报警系统等安全防范体系联动运行,使防范能力更加强大。特别是近几年来,多媒体技术以及计算机图像处理技术的发展,使闭路电视监控系统在实时自动跟踪、实时处理等方面有了长足的发展,可见,闭路电视监控系统在整个安全技术防范体系中具有举足轻重的地位。闭路电视监控系统的另一特点是可以把监视场所的图像和声音全部或部分地记录下来,这样可以为日后某些事件的处理提供方便条件和重要依据。

1. 系统组成

闭路电视监控系统主要由前端设备(摄像)、传输系统、终端设备(控制、显示与记录)组成(图 2.1),并具有对图像信号的分配、切换、存储、处理、还原等功能。

图 2.1　CCTV 的组成

(1)前端设备

前端设备的主要任务是获取监控区域的图像和声音信息,其主要设备是各种摄像机及其配套设备。由于摄像机需公开或隐蔽地安装在防范区内,除需长时间不间断地工作外,其所处的环境变化无常,有时还需要在相当恶劣的条件下工作,如风、沙、雨、雷、高温、低温等,因此要满足全天候工作的要求。所以,前端设备应有较高的性能和可靠性。

（2）传输系统

传输系统的主要任务是将前端图像信息不失真地传送到终端设备，并将控制中心的各种指令传输到前端设备。根据监控系统的传输距离、信息容量和功能要求的不同，主要分为无线传输和有线传输，目前大多采用有线传输方式。有线传输通常是利用电话线、同轴电缆和光纤来传送图像信号。由于光纤具有体积小、重量轻、抗腐蚀、容量大、频带宽、抗干扰、性能好等优点，目前较大型闭路电视监控系统中大多采用光纤作为传输线。

（3）终端设备

终端设备是闭路电视监控系统的中枢。它的主要任务是将前端设备传输的各种信息进行处理和显示，并根据需要向前端设备发出各种指令，由中心控制室进行集中控制。终端设备主要有显示设备、记录设备和控制切换设备等，如监视器、录像机、录音机、视频分配器、时序切换装置、时间信号发生器、同步信号发生器以及其他一些配套控制设备等。

2. 信号传输

传输系统将闭路电视监控系统的前端设备和终端设备联系起来，使前端设备产生的图像视频信号、音频监听信号和各种报警信号送至中心控制室的终端设备，并把控制中心的控制指令送到前端设备。为保证监控系统的工作质量，传输系统应尽量减少失真传送各种信息，并应具有较强的抗干扰性。视频图像信号的传送应满足其 6 MHz 的带宽要求（黑白图像至少也要达到 4 MHz）。在远距离传输过程中，应尽量保持原始信号良好的幅频和相位特性。传输系统在闭路电视监控系统中将组成一个四通八达的传输网，工程量大，而设计方案往往又不如前端和终端设备。因此，传输系统的设计和选用将是闭路电视监控系统设计中的一大难题，如果处理不好，即使有良好的前端和终端设备，也会由于设计不良的传输系统而影响整个监控系统的质量。

根据闭路电视监控系统的规模大小，覆盖面积，信号传输距离，信息容量，对系统的功能、质量指标和造价的要求，可采取不同的传输方式。传输方式主要分为有线传输和无线传输两种，每种方式中又包括几种不同的传输方式，本书主要讨论有线传输的几种方式。

在闭路电视监控系统中，主要根据传输距离的远近、摄像机的多少和其他方面的有关要求来确定传输方式。一般来说，当摄像机的安装位置距离控制中心较近时（几百米以内），多采用视频基带传输；当摄像机位置距离控制中心较远时，往往采用射频有线传输或光缆传输；当距离更远且不需要传送标准动态实时图像时，也可采用窄带电视电话线路传输；用双绞线传输差分图像信号的方式，也经常在远距离传输中应用。

（1）视频基带传输

视频基带传输是从摄像机至控制台间直接传送图像信号的传输方式。这种传输方式的优点是传输系统简单,在一定距离范围内失真小、信噪比高,不必增加调制器、解调器等附加装置;其缺点是传输距离不能太远,一根电缆(视频同轴电缆)只能传送一路视频信号。但闭路电视监控系统中摄像机与控制台之间距离通常不是太远,所以采用视频基带传输是最常见的方式,其原理见图 2.2。

(2)视频平衡传输

视频平衡传输是解决远距离传输的一种比较好的方式,这种传输的原理见图 2.3。图中摄像机输出的全视频信号经发送机转换成一正一负的差分信号,该信号经普通双绞线(例如电话线)传至控制中心接收机,由接收机重新合成为标准的全电视信号后,再送入控制台中的视频切换或其他设备。图 2.3 中的中继器是为了更远距离传输使用的一种传输设备。当不使用中继器时,黑白信号可传输 2000 m,彩色信号可传输 1500 m;当使用中继器时,黑白信号最远可传输 20 km 以上。

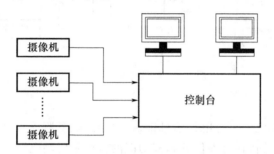

图 2.2 视频基带传输原理框图

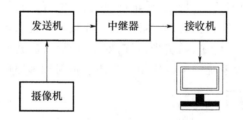

图 2.3 视频平衡传输原理框图

这种信号传输方式的原理是:摄像机输出的全电视信号由发送机变为一正一负的差分信号,会在传输过程中产生幅频和相频失真,经远距离传输后再合成,就会把失真抵消掉;传输中产生的其他噪声和干扰同样会在合成时抵消掉。正因如此,传输线采用普通双绞线即可满足要求,减少了传输系统造价。

(3)图像信号射频传输

在闭路电视监控系统中,当传输距离很远又同时传送多路图像信号时,也会采用射频传输的方式,将视频图像信号经调制器调制到某一频道上传送,见图 2.4。射频传输的优点是传输距离远、失真小,适合远距离传送彩色图像信号;一条传输线(特性阻抗75 Ω 的同轴电缆)可以传送多路射频图像信号。但射频传输也有明显的缺点,如需要增加调制器、混合器、线路宽带放大器、解调器等传输部件,而这些传输部件会带来不同程度的信号失真,并且会产生交扰调制与相互调制等干扰信号。同时,当远端摄像机不在同一方向时(即相对分散时),也需多条传输线路将各路射频信号传到某一相对集中地点,再经混合器混合后用一条电缆传输到控制中心,使传输系统造价升高。另外,在某些电视广播信号较强的地区还可能会与电视广播信号或有线电视信号产生相互干扰等。

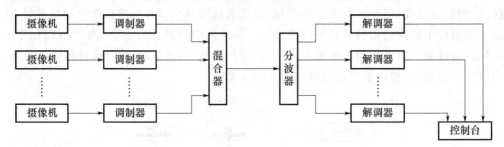

图 2.4   射频传输原理框图

(4)光缆传输

用光缆代替同轴电缆进行电视信号传输,给闭路电视监控系统增加了高质量、远距离传输的有利条件,其传输特性优越和多功能的特性是同轴电缆所无法比拟的,其稳定的性能、可靠和多功能的信息交换网络也为信息高速传输奠定了良好的基础。光缆传输的主要优点有传输距离长、容量大、质量高、保密性能好、敷设方便。但光缆系统也存在一些特有的问题,如光缆、光端机成本高,施工连接技术复杂等。总之,用光缆作干线的系统,其容量大、能双向传输、系统指标好、安全可靠性高、建网造价高、施工技术难度大,但能适应长距离的大系统的干线使用。光缆模拟射频多路电视系统原理见图 2.5。

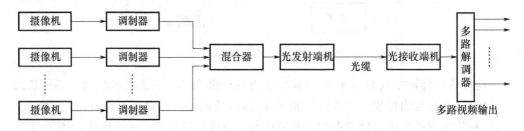

图 2.5   光缆模拟射频多路电视系统原理框图

3. 终端设备

闭路电视监控系统的终端可以完成整个系统的控制与操作功能,分成控制、显示与记录三个部分,其组成见图 2.6。

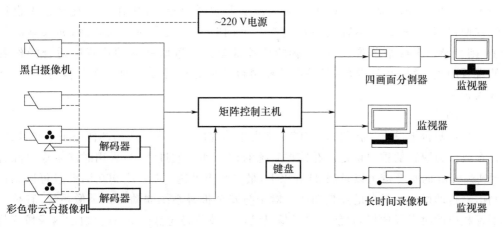

图 2.6　CCTV 的终端组成

（1）控制

控制部分是整个系统的指挥中心，其主要由总控制台（有些系统还设有副控制台）组成。总控制台的主要功能是视频信号的放大与分配、图像信号的处理与补偿、图像信号的切换、图像信号（有时也包括声音信号）的记录、摄像机及其辅助部件（如镜头、云台、防护罩等）的控制（遥控）等。

总控制台可按照控制功能和控制摄像机台数，根据要求组合为积木式。另外，在总控制台上还设有时间及地址的字符发生器，通过这个装置可以把年、月、日、时、分、秒都实时显示出来，并把被监视场所的地址、名称显示出来。在录像机上可以记录，这样对以后备查提供了方便。

（2）显示

显示部分一般由多台监视器或带有视频输入的普通电视机组成，它的功能是将传输的图像显示出来，通常使用的是黑白或彩色专用监视器。通常，要求黑白监视器的水平清晰度应大于 600 线，彩色监视器的清晰度应大于 350 线。

在 CCTV 中，特别是在由多台摄像机组成的 CCTV 中，一般不是一台监视器对应一台摄像机进行显示，而是几台摄像机的图像信号用同一台监视器轮流切换显示。这种做法的原因如下：一是可以节省设备，减少空间的占用；二是没必要一一对应显示，因为被监视场所不可能同时发生意外情况，所以平时只需间隔一定时间（如几秒、十几秒或几十秒）显示一次即可。当某个被监视场所发生意外情况时，可以通过切换器将这一路信号切换到某一台监视器上固定显示，并通过控制台对其遥控跟踪和记录。目前，常用的摄像机对监视器的比例数为 4∶1，即 4 台摄像机对应 1 台监视器进行轮流显示。另外，在一些摄像机很多的系统中，通过画面分割器将多台摄像机传输的图像信号同时显示在一台监视器上，即将一台较大屏幕的监视器等分为几个小画面后各显示一个摄像机传输的画面,这样可以大大减少监视器数量,且操作人员观看起来也比较方便;但是这种方案不宜在一台监视器上同时显示太多的分割画面,如果画面太多,则会导致某些细节难以看清,影响监控效果。放置监视器的位置应适合操作者的观看距离、角度和高度,一般是在总控制台的后方设置专用的监视器柜,把监视器嵌入柜中。

(3)记录

总控制台上设有录像机,可以随时把发生情况的被监视场所的图像记录下来,以便备查或作为取证的重要依据。在监控系统的记录和重放过程中,采用时滞录像机和普通 180 min 的水像带可以录制 24 h 以上,最多甚至可达 480 h 或 960 h,并且可以用控制信号自动操作录像机的遥控功能。对于与安全报警系统联动的摄录像系统,宜单独配置相应的时滞录像机,目前时滞录像机已逐步被数码光盘记录、计算机硬盘录像等数字化安防设备代替。

2.1.2　防盗报警系统

1. 防盗报警系统概述

用物理方法或电子技术,自动探测发生在布防监测区域内的入侵行为,产生报警信号,并辅助提示值班人员发生报警的区域部位,显示可能采取的对策的系统,称为防盗报警系统。防盗报警系统是预防抢劫、盗窃等意外事件的重要系统。一旦发生突发事件,就能通过声光报警信号在保安控制中心准确显示出事地点,便于迅速采取应急措施。

智能楼宇内的防盗报警系统负责完成建筑内外各个点、线、面和区域的巡查报警任务,其一般由探测器、区域型报警控制器和报警控制中心组成。最底层是探测器和执行设备,负责探测非法入侵人员,有异常情况时发出声光报警,同时向区域型报警控制器发送信息。区域型报警控制器负责下层探测设备的管理,同时向报警控制中心传送区域报警情况。通常,一个区域型报警控制器、探测器加上声光报警设备就可以构成一个简单的报警系统。但对于整个智能楼宇来说,必须设置报警控制中心,它能起到对整个防盗报警系统的管理和系统集成作用[2]。

随着科学技术的飞速发展,世界各国已研制和生产出各种不同用途及类型的报警器。在一些国家,已基本上达到了产品系列化、销售商品化、使用社会化。各种用途的安全报警器种类繁多,分类方式也有多种。可按报警器的用途、报警器的警戒范围、传感器的种类和传感器与报警控制器之间信号的传输方式不同进行分类。

目前,防盗防入侵报警器主要有开关式报警器、主动与被动式红外报警器、微波报警器、超声波报警器、声控报警器、玻璃破碎报警器、周界报警器、双技术报警器、视频报警器、激光报警器、无线报警器、振动及感应式报警器等,它们的警戒范围各不相同,有点控制型、线控制型、面控制型、空间控制型之分,见表2.1。

表 2.1　按报警器的警戒范围分类

警戒范围	报警器种类
点控制型	开关式报警器
线控制型	主动式红外报警器、激光报警器
面控制型	玻璃破碎报警器、振动报警器
空间控制型	微波报警器、超声波报警器、被动式红外报警器、声控报警器、视频报警器、周界报警器

　　实际上,防盗防入侵报警器的种类不仅局限于上面几种。诸如各种类型的汽车防盗报警器、防抢防盗安全包和安全箱、防盗保险柜、防盗安全保险门等,它们都在各种不同的场合,起到防盗报警、打击犯罪的作用,已被广泛应用在机关、企业乃至家庭的安全防范之中。防盗防入侵报警器的种类很多,因此在实际使用中应根据报警器的性能、使用的环境要求,合理地选择和应用。

　　(1)防盗报警系统的基本要求

　　1)应能对设防区域内的非法入侵进行实时监控,准确无误地报警和复核。漏报警是绝对不允许的,误报警应降低到可以接受的极低限度。

　　2)为预防抢劫或人员受到威胁,防盗报警系统应设置紧急报警装置和留有与公安报警中心联网的接口。

　　3)应能按时间、部位、区域任意编程、设防或撤防。

　　4)防盗报警系统应能显示报警部位、区域、时间,能打印记录、存档备查,并能提供与报警联动的监控电视、灯光照明等控制接口信号,最好能通过多媒体实时显示现场报警及有关联动报警的位置图形。

　　5)防盗报警系统主要用于对重要出入口的入侵警戒、周界防护及建筑物内区域、空间防护和对贵重实物目标的防护。

　　(2)防盗报警系统的结构与组成

　　防盗报警系统有简单系统和复杂系统之分,它由多个入侵探测器加上一个报警接收主机构成最基本的系统。若干个基本系统通过计算机通信网构成区域型报警网络,区域型报警网络又可互联成城市综合监控系统。防盗报警系统无论简单还是复杂,就其系统本身来说,基本组成主要包括各类探测器、报警开关和按钮、报警接收主机和处警装置等。防盗报警系统的原理如图2.7所示。

　　2. 防盗报警探测器

　　(1)防盗报警探测器的原理

　　防盗报警探测器用于探测非法入侵行为。需要防范入侵的地方有很多,它可以是某些特定的点,如门、窗、柜台、展览厅的展柜;或是某条线,如边防线、警戒线、边界线;有时要求防范的是某个空间,如智能楼宇中的档案室、资料室、商场等。因此,设计、安装人员就应该根据防范场所的不同地理特征、外部环境和警戒要求,选用适当的防盗报警探测器,以达到安全防范的目的[3]。

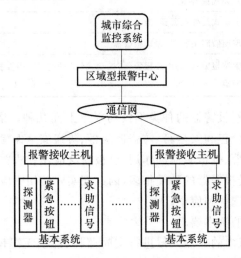

图 2.7 防盗报警系统原理框图

(2)防盗报警探测器的基本要求

1)防盗报警探测器应具有防拆保护和防破坏保护功能。当防盗报警探测器受到破坏、被拆开外壳,或信号传输线短路、断路以及并接其他负载时,探测器应能发出报警信号。

2)防盗报警探测器应具有抗小动物干扰的能力。在探测范围内,如有类似小动物的具备红外辐射特性的物体,探测器不应报警。

3)防盗报警探测器应具有抗外界干扰能力。外界干扰包括外界光源、电火花、常温气流、发动机噪声等。

4)防盗报警探测器应具有步行试验功能,以便调试。对射探测器应有对准指示,便于安装调准。

5)防盗报警探测器易在下列条件下工作:室内$-10\sim55\ ℃$,相对湿度$\leqslant95\%$;室外$-20\sim75\ ℃$,相对湿度$\leqslant95\%$。

3. 报警接收与处理主机

报警接收与处理主机也称为防盗报警主机或报警控制器(图 2.8),它是将某个区域内的所有防盗防入侵传感器组合在一起,形成一个防盗管区。一旦发生报警,防盗报警主机上反映出的报警区域则一目了然。目前,防盗报警主机以多回路分区防护为主流,防区通常为$2\sim100$回路,根据系统规模可分为小型报警控制器和区域型报警控制器[4]。

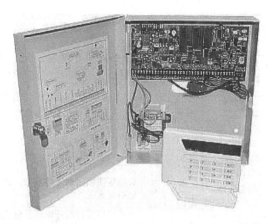

图 2.8　防盗报警主机

（1）报警控制器的功能

一般来说，报警控制器应具有以下功能。

1）布防与撤防功能。正常工作时，工作人员频繁进入探测器所在区域，探测器的报警信号不能起报警作用，这时报警控制器需要撤防；下班后，因人员减少则需要布防，使报警系统投入正常工作，布防条件下探测器有报警信号时，控制器就要发出报警。

2）布防后的延时功能。布防时，操作人员正好在探测区域之内，这就需要报警控制器能延时一段时间，待操作人员离开后再生效，这就是布防后的延时功能。

3）防破坏功能。如果有人对线路和设备进行破坏，报警控制器应报警。常见的破坏包括线路短路和断路。报警控制器在连接探测器的线路上应加以一定的电流，断路时线路上的电流为零，短路时电流太大则会超过正常值，上述任何一种情况发生，都会引起报警器报警，以达到防破坏的目的。

4）联网功能。作为智能楼宇自动控制系统设备，必须具有联网通信功能，以便把本区域的报警信息送到防灾防盗报警控制中心，由控制中心完成数据分析处理，以提高系统的可靠性等指标。特别是重点报警部位应与监控电视系统相联动，能够自动切换到该报警部位的图像画面，自动录像，并自动打开夜间照明进行联动。

（2）小型报警控制器

对于一般的小用户，其防护部位很少，从性价比的角度考虑，应采用小型报警控制器，其组成系统如图 2.9 所示，内部组成结构如图 2.10 所示。

小型报警控制器有如下特点。

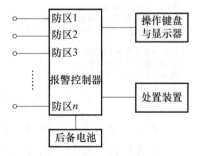

图 2.9　小型报警控制器的
组成系统框图

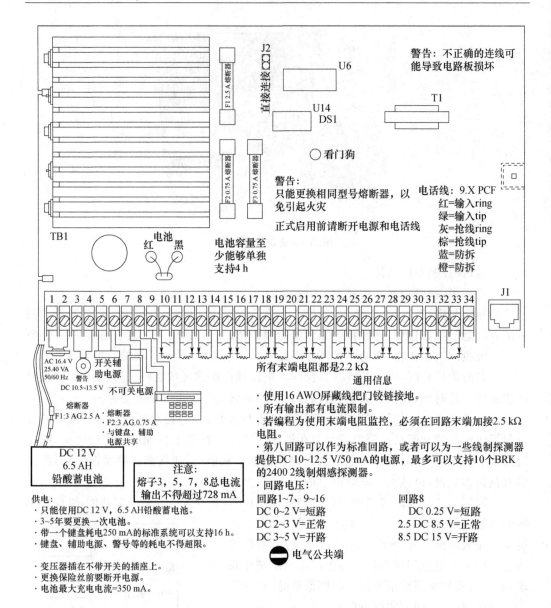

图 2.10　小型报警控制器的内部组成结构

1)防区一般为 4～16 路,探测器与主机采用点对点直接连接。

2)能在任何一路信号报警时,发出声光报警信号,并显示报警部位与时间。

3)对系统有自查能力。

4)市电正常供电时,能对备用电池充电,断电时自动切换到备用电源上,以保证系统正常工作。系统还应具备欠电压报警功能。

5)能预存 2~4 个紧急报警电话号码,发生紧急情况时,能依次向紧急报警电话发出报警信号。

(3)区域型报警控制器

对于一些相对较大的工程系统,要求防范的区域大,防范点也很多,可以选用区域型报警控制器。区域型报警控制器具有小型报警控制器的所有功能,通常有更多的输入控制端口(16 路以上),并具有良好的联网功能。目前,区域型报警控制器都采用先进的电子技术、微处理机技术、通信技术,信号实行总线控制。所有探测器根据安置的地点,实行统一编码,探测器的地址码、信号和供电分别由信号输入总线和电源总线完成,大大简化了工程安装。每路总线可挂几十乃至上百个探测器,每路总线都有故障隔离接口。当某路电路发生故障时,控制器能自动判别故障部位,而不影响其他路工作。当任何部位发出报警信号时,控制器微处理机均可及时处理,在报警显示板上正确显示出报警区域,驱动声光报警设备,就地报警;同时,控制器会通过内部电路与通信接口,按原先存储的报警电话,向更高一级报警中心或有关主管单位报警。区域型报警控制器的组成系统如图 2.11 所示。

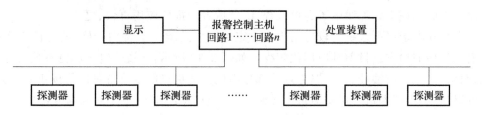

图 2.11　区域型报警控制器的组成系统框图

在大型或特大型的报警系统中,集中防盗控制器能够把多个区域型报警控制器联系在一起。集中防盗控制器能接收各个区域型报警控制器传输的信息,同时也向各个区域型报警控制器送出控制指令,直接监控各个区域型报警控制器的防范区域。集中防盗控制器使得多个区域型报警控制器联网,其系统也具有更强的存储功能和更丰富的表现形式。通常,集中防盗控制器与多媒体计算机、相应的地理信息系统、处警响应系统等结合使用[5]。

2.1.3　电子巡更系统

1. 电子巡更系统概述

电子巡更系统也是安全防范系统的一个重要部分,在智能楼宇的主要通道和重要场所设置巡更点,保安人员按规定的巡逻路线在规定时间到达巡更点进行巡查,在规定的巡逻路线、指定的时间和地点向保安控制中心发回信号。若巡更人员未能在规定时间和地点启动巡更信号开关,则认为在相关路段发生了不正常情况或异常突发事件,巡更系统应及时响应,进行报警处理。如产生声光报警动作,自动显示相应区域的布防图、地点等,以便报值班人员分析现场情况,并立即采取应急防范措施[6]。

计算机对每次巡更过程均进行打印记录存档,遇有不正常情况或异常突发事件发生时,打印事件发生的时间、地点及情况记录。巡更的路线和时间均可根据实际需要随时进行重新设置,目前巡更系统的巡更站有多种形式选择,如带锁钥匙开关、按钮、读卡器、密码键盘,也可以是磁卡、IC 卡(集成电路卡)等,各种方式都有其不同的特点。

2. 电子巡更系统的分类

电子巡更系统通常可分为有线电子巡更系统和无线电子巡更系统。

(1)有线电子巡更系统

有线电子巡更系统由计算机、网络收发器、前端控制器等设备组成。保安人员到达巡更点并触发开关后,巡更点将信号通过前端控制器及网络收发器送到计算机。巡更点的主要设备放在主要出入口、主要通道、紧急出入口、主要部门等处。

有线电子巡更系统又称在线式电子巡更系统,大多数在线式电子巡更系统从对讲、门禁、防盗报警等系统升级而来。有线电子巡更系统在管线安装、硬件可靠性和使用方便性等方面往往不如无线电子巡更系统,因此后者的推广应用更快、更广。

在线式电子巡更系统比较适用于在一定范围内巡检要求特别严格,或巡检工作有一定危险性的地方。目前其应用比较少。如图 2.12 所示,在线式电子巡更系统由计算机、网络收发器、前端控制器、巡更点等部分组成。巡更点触发设备可以是按钮或开关,也可以是 IC 卡读卡机。保安值班人员到达巡更点,触发巡更点开关或刷卡,巡更点将信号通过前端控制器及网络收发器即刻送到计算机,计算机会自动反映和记录巡更点发出信号的时间、地点和巡更人员编号(如果使用 IC 卡的话),保安值班室可以随时了解巡更人员的巡更情况。在巡更路线上的合理位置设置巡更点,并由计算机巡更软件编排巡更班次、时间间隔、线路走向,可以有效地管理巡更人员的巡视活动,增强安全防范措施。

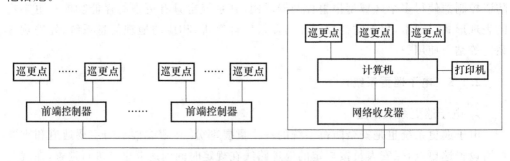

图 2.12　在线式电子巡更系统组成结构图

（2）无线电子巡更系统

无线电子巡更系统由计算机、传送单元、手持读取器、编码片等组成。编码片安装在巡更点处代替巡更点，保安人员巡更时用手持读取器读取巡更点上的编码片资料，巡更结束后将手持读取器插入传送单元，使其存储的所有信息输入到计算机中。计算机能够记录各种巡更信息并可打印各种巡更记录。

无线电子巡更系统又叫离线式电子巡更系统。相比于在线式电子巡更系统，离线式电子巡更系统的缺点是不能实时管理，如有对讲机则可以避免这一缺点。它的优点是无须布线，安装简单，易携带，操作方便，性能可靠，不受温度、湿度、地理范围的影响，系统扩容、线路变更容易且价格低，又不易被破坏，系统安装维护方便，适用于任何巡逻或值班巡视领域，已成为电子巡更系统的主流形式。

3. 电子巡更系统的组成

一套完整的电子巡更系统由巡更器、系统软件、信息钮组成。

（1）系统软件

系统软件是整个巡更系统中的核心，整个巡更过程都是通过软件来查询记录、操作和检验巡逻的。一个完善的系统管理软件为用户提供如下功能。

1）人员设置。为用户提供操作人员身份识别。

2）地点设置。为不同巡逻地点提供的巡逻计划。计划设置包括为整个巡逻范围提供人员、地点和方案的设置，它通过计算机查询近期记录，组合和优化巡更地点、巡更人、时间、事件等不同选项结果，提出在巡更过程中根据具体情况添加或减少巡更员人数的建议等。

3）密码设置。有便于管理人员操作的密码设置，可更加有效地评估巡更巡检人员的工作状况。

针对不同的产品，有不同的软件配置，通常软件配置易安装、易操作，有统计分析、打印、备份等功能，便于管理人员管理。随着巡更巡检系统应用领域的扩大，巡更软件功能也在扩展，以便适应不同的客户群。

（2）巡更器

巡更器有时又称巡更棒。巡更人员带着巡更棒按规定时间及线路要求巡视，通过逐个读取巡更按钮信息，便可记录巡更人员的到达日期、时间、地点及相关信息。若不按正常程序巡视，则记录无效，查对核实后，即视为失职。在控制中心可通过计算机下载所有数据并整理存档。

（3）信息钮

信息钮一般是无源、钮扣大小、安全封装的存储设备，其中存储了巡更点的地理信息。信息钮通常采用接触式操作，不怕干扰，识读率百分之百，无误差。它可以镶嵌在墙上、树上或其他支撑物上，安装与维护都非常方便。现在也有用非接触 IC 卡代替信息钮的应用,其巡更棒也相应替换为手持式 IC 卡读卡器。

2.1.4　门禁管理系统

门禁管理系统是智能楼宇弱电安防系统的一个子系统。它作为一种新型现代化安全管理系统,集自动识别技术和现代安全管理措施为一体,涉及电子、机械、光学、计算机技术、通信技术、生物技术等诸多新技术。门禁管理系统通过在建筑物内的主要出入口、电梯厅、设备控制中心机房、贵重物品库房等重要部门的通道口安装门磁、电控锁、控制器、读卡器等控制装置,由计算机或管理人员在中心控制室监控,对各通道口的位置、通行对象、通行时间和通行方向等进行实时控制或设定程序控制,从而实现对出入口的控制。

1. 门禁管理系统的组成与原理

常规的门禁管理系统由管理主机、通信管理器、门禁控制器、门禁读卡器、卡片、电控锁、门禁软件、电源和其他相关门禁设备组成,如图 2.13。

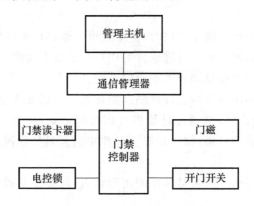

图 2.13　门禁管理系统组成框图

(1)门禁控制器

门禁控制器是门禁管理系统的核心部分,其功能相当于计算机的 CPU(中央处理器)。它负责整个系统输入、输出信息的处理和储存、控制等。它能够验证门禁读卡器输入信息的可靠性,并根据出入规则判断其有效性,若有效则对执行部件发出动作信号。门禁控制器性能的好坏直接影响着系统的稳定,而系统的稳定性直接影响着客户的生命和财产的安全。

(2)门禁读卡器

门禁读卡器能够读取卡片中的数据与生物特征信息,并将这些信息传送到门禁控制器。

(3)卡片

卡片是门禁管理系统的开门电子钥匙,这个钥匙可以是磁卡、IC 卡、ID 卡(身份识别卡)和其他相关功能的卡片(卡片上能打印持卡人的个人照片,使开门卡、胸卡合二为一)。

(4)电控锁

电控锁是门禁管理系统的执行部件。它通常在断电时呈开门状态,以符合消防要求,并配备多种安装结构类型供客户选择使用,按单向的木门、玻璃门、金属防火门和双向对开的电动门等不同技术要求可选取不同类别的电控锁。

(5)门禁软件

门禁软件负责门禁管理系统的监控、管理、查询等工作,管理人员可调整扩展完成巡更、考勤、人员定位等。

(6)电源

电源负责整个门禁管理系统的能源,是一个非常重要的组成部分(门禁管理系统若无电源将呈瘫痪状态)。

(7)其他相关门禁设备

如出门按钮,按一下打开开门设备,适用于对出门无限制的情况;再如门磁,常用于检测门的安全、开关状态等。

2. 门禁管理系统的功能

(1)对通道进出权限的管理

门禁管理系统对通道进出权限的管理主要有以下方面。

1)进出通道的权限。对每个通道设置哪些人可以进出,哪些人不能进出。

2)进出通道的方式。对可以进出该通道的人进行进出方式的授权。

3)进出通道的时段。设置该通道可以在什么时间范围内进出。

(2)实时监控功能

系统管理人员可以通过微机实时查看每个门区人员的进出情况(同时有照片显示)和每个门区的状态(包括门的开关和各种非正常状态报警等),也可以在紧急状态打开或关闭所有的门区。

(3)出入记录查询功能

系统可储存所有的进出记录和状态记录,可按不同的查询条件查询,配备相应考勤软件可实现考勤、门禁一卡通。

(4)异常报警功能

在异常情况下,如非法入侵、门超时未关等,可以实现微机报警或报警器报警。

3. 门禁管理系统的分类

(1)按进出识别方式分类

1)密码识别。通过检验输入密码是否正确来识别进出权限。这类产品又分为两大类:普通型和乱序键盘型。普通型的优点是操作方便,无须携带卡片,成本低;缺点是密码容易泄露,安全性很差,无进出记录,只能单向控制。乱序键盘型键盘上的数字不固定,会不定期自动变化,以起到保密作用。

2)卡片识别。通过读卡或读卡加密码的方式来识别进出权限。

3)人像识别。通过检验人员的生物特征等方式来识别进出权限。这类产品又可分为:指纹型、虹膜型和面部识别型。人像识别类的优点是从识别角度来说安全性极好,无须携带卡片;缺点是成本很高,识别率不高,对环境要求高,对使用者要求高(如指纹不能划伤、眼不能红肿出血、脸上不能有伤等),使用不方便(如虹膜型和面部识别型安装高度固定,因使用者的身高不同而造成不便等)。

(2)按卡片种类分类

1)磁卡。磁卡的优点是成本较低,一人一卡,可连微机,有开门记录。磁卡的缺点是卡片和设备会产生磨损,寿命较短;卡片容易复制,不易双向控制;卡片信息容易因外界磁场干扰而丢失,使卡片无效。

2)射频卡。射频卡的优点是卡片与设备无接触,开门方便安全;卡片寿命长,理论数据显示至少能够使用十年;安全性高,可连微机,有开门记录;可以实现双向控制;卡片很难被复制。射频卡的缺点是成本较高。

(3)按与微机的通信方式分类

1)单机控制型。这类产品是最常见的,适用于小系统或安装位置集中的单位。通常采用 RS-485 通信方式。它的优点是投资小,通信线路专用;缺点是一旦安装好就不能更换管理中心的位置,不易实现网络控制和异地控制。

2)网络型。它的通信方式采用的是网络常用的传输控制协议/网际协议(TCP/IP)。这类系统的优点是控制器与管理中心通过局域网传递数据,管理中心位置可以随时变更,无须重新布线;很容易实现网络控制或异地控制;适用于大系统或安装位置分散的单位使用。这类系统的缺点是系统通信部分的稳定依赖于局域网的稳定。

4. 门禁管理系统控制与管理工程实例

通常在智能楼宇中,重要部位与主要通道口均安装有门磁开关、电子门锁、读卡器等装置,并由保安控制室对上述区域的出入对象与通行时间进行统一的实时监控。图 2.14 所示的典型门禁管理系统由中央管理机(主控器)、控制器、读卡器、执行机构(出入开关、电子门锁)组成,其系统的性能取决于微机的硬件及软件。

现代电子技术的发展,使通道控制系统的功能增强,其使用更为方便。从系统构成可见,通道控制系统是一个微机控制系统,它允许在一定时间内让人进入指定的地方,而不允许非授权人员进入。也就是说,所有人员的进入都受到监控。系统识别人员的身份,然后根据系统所存储的数据决定是否允许其进入。每一次出入都被作为一个事件存储起来,这些数据可以根据需要有选择地输出。如果需要更改人员的出入授权,通过键盘和显示器可以很容易地实现。编程操作在几秒钟内就可完

成,就地智能单元可以在授权更改后立即收到所需的数据,使得新的授权立即生效,
以确保安全[8]。

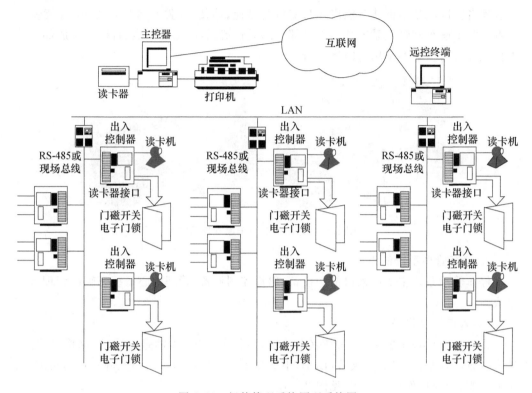

图 2.14　门禁管理系统原理系统图

2.1.5　停车管理系统

1. 停车管理系统概述

随着我国国民经济的迅速发展,机动车数量增长很快,合理的停车场设施与管理系统不仅能解决城市的市容、交通和管理收费问题,而且是智能楼宇或智能住宅小区正常运营和加强安全的必要设施。停车控制与车库管理系统的作用逐渐显现,其主要功能分为停车和收费,即泊车和管理两大部分,如图 2.15 所示。

(1)泊车

要全面达到安全、迅速停车的目的,必须解决车辆进出与泊车的控制问题,并在车场内设置车位引导设施,使入场的车辆尽快找到合适的停泊车位,保证停车全过程的安全;必须解决停车场出口的控制问题,使被允许驶出的车辆能方便、迅速地驶离。

（2）管理

为实现停车场的科学管理和获得更好的经济效益，车库管理应同时有利于停车者与管理者。因此必须创造车辆出入与交费的迅速、简便，使停车者使用方便，并能使管理者实时了解车库管理系统整体组成部分的运转情况，能随时读取、打印各组成部分数据情况并进行整个停车场的经济分析。

图 2.15　停车控制与车库管理系统

2. 停车管理系统的组成

停车管理系统主要由入口控制设备、出口控制设备、管理中心系统和辅助管理系统组成。

（1）入口控制设备

入口控制设备主要由入口票箱（卡票读写器、出卡机、车辆感应器、车辆检测线圈、停车场智能控制器、发光二极管（LED）中文显示屏、对讲分机、专用电源）、自动路闸、满位显示牌、彩色摄像机等组成，见图 2.16。

图 2.16　入口控制设备

临时车进入停车场时，设在车道下的车辆检测线圈检测车道，入口处的票箱 LED 显示屏显示文字提示司机按键取卡（票）。司机按下取卡（票）按键，票箱内发卡（票）器即发送一张卡（票），并完成读取过程；同时入口摄像机启动，摄录一幅该车辆图像，并依据相应卡(票)号,存入管理中心的服务器硬盘中。司机取卡(票)后,车闸起杆放行车辆,车辆通过后闸杆自动落下。如果在闸杆下落的过程中,车闸的车辆检测线圈感应到闸杆下有车辆,则闸杆会自动回位而不再下落,直至车辆离开后,闸杆才会重新下落。

　　长期客户车辆进入停车场时,设在车道下的车辆检测线圈检测车道,入口处的票箱 LED 显示屏提示司机读卡。司机身份卡在入口票箱感应区 6～12 cm 距离处掠过,入口票箱内 IC 卡读写器读取该卡的特征和有关信息,判断其有效性;同时入口摄像机启动,摄录一幅该车辆图像,并依据相应卡号,存入管理中心的服务器硬盘中。若该卡有效,车闸起杆放行车辆入场,车辆通过后,闸杆自动落下;若该卡无效,则不起闸,不允许入场。

　　当场内车位已满时,入口满位显示屏显示"满位"字样,并自动关闭入口处读卡系统,不再发卡或读卡(可通过管理软件设置在车位已满的情况下仍允许长期客户车辆读卡进场)。

　　(2)出口控制设备

　　出口控制设备主要由出口票箱(卡票读写器、远距离读卡器、车辆感应器、车辆检测线圈)、停车场智能控制器、LED 中文显示屏、对讲分机、专用电源、自动路闸、彩色摄像机等组成。

　　临时车驶出停车场时,在出口处,司机将卡(票)交给收费员,收费计算机根据卡(票)记录信息从管理中心服务器中自动调出入口处所拍摄对应图像及车辆入场数据,进行人工图像对比,并自动计算出应交费用,通过出口票箱 LED 收费显示牌显示,提示司机交费(也可设定为不收费)。收费员进行图像对比及收费确认无误后,按确认键,车闸起杆放行车辆出场,车辆通过后闸杆自动落下。

　　长期车辆驶出停车场时,设在车道下的车辆检测线圈检测车道,出口处的票箱 LED 显示屏提示司机读卡,司机身份卡在出口票箱感应区 6～12 cm 距离处掠过,出口票箱内 IC 卡读写器读取该卡的特征和有关信息,启动计费系统,判断其有效性,同时入口摄像机启动,摄录一幅该车辆图像。若该卡有效,车闸起杆放行车辆出场,车辆通过后闸杆自动落下;若该卡无效,则提示报警,不允许放行。

　　(3)管理中心系统

　　管理中心系统是停车场管理系统的控制中枢,使用个人计算机(PC 机)或销售点情报管理系统(POS 机),安装收费管理软件,负责整个系统的协调与管理,包括软硬件参数设计、信息交流与分析、命令发布等,系统一般联网管理,集管理、保安、统计和商业报表于一体[9]。

　　(4)辅助管理系统

　　辅助管理系统(图 2.17)包括图像比对系统、车位引导系统等。

　　图像比对系统的原理是在入场读卡时抓拍车辆的外观、颜色、车牌号等,并送至管理中心服务器作为资料存档;在出场读卡时抓拍车辆的外观、颜色、车牌号等,并自动从管理中心服务器中调出该卡入场图像资料作对比,同时将资料存入服务器。图像的总存储量根据硬盘容量大小而定,一般可保证留有一周以上的车辆出入图像备查。

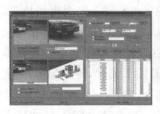  

　　(a) 图像比对系统　　　　　　(b) 车位探测器　　　　　　(c) 车位引导系统

图 2.17　辅助管理系统

　　车位引导系统的作用主要是便于入场车辆尽快找到空位,该系统通过车位探测器探测车位有无车辆,检测各个区域停泊情况,精确实时地显示停车场每个分区的空余车位数量。在入口处设置动态电子显示屏,引导待泊车辆进入指定的区域,构成停车引导系统。若车库内已无车位可使用,则车位显示屏显示"车库满位"字样,入口出票机也显示"车库满位"字样,不再受理车辆进库。

　　先进的辅助管理系统,不仅可免去待泊车主寻找停泊车位的烦恼和进库后无泊位可停的尴尬,而且可使停车场的车位管理井井有条,使停车车位的利用率得到提高。车库出入管理系统、防盗系统、监控系统、影像比对系统、收费系统等有机结合,就构成了功能强大的智能停车场管理系统,可广泛应用于地面停车场、地下停车场、多层停车场和与之相类似的其他停车场管理。

2.1.6　消防报警系统

1. 消防报警系统概述

　　智能楼宇多以高层或超高层建筑为主,且多为高级宾馆和高级办公大楼,这类建筑对消防系统的要求很高。首先对消防系统的高要求是由这些建筑物的重要性所决定的。显然,重要的办公大楼、财贸金融中心、电信大楼、广播电视大楼和高级宾馆等一旦发生火灾,后果将不堪设想。其次,这类高层建筑的起火原因复杂,火势蔓延途径多,消防人员扑救难度大,人员疏散困难。因此,智能楼宇安全的最大威胁就是火灾,建筑物一旦发生火灾,后果将不堪设想。

　　在进行智能化楼宇的消防系统设计时,应该将留给人们逃生的时间和逃生的环境条件放在首位。要做到这一点,需要更加先进的火灾探测技术,更准确可靠的早期火灾报警,更有效的能延缓火势蔓延的自动化灭火装置。

　　人的生命在火灾面前是极其脆弱的,这是因为:燃烧消耗大量氧气会使人窒息;许多物质燃烧时所产生的烟雾和有害有毒气体会造成人窒息、麻醉和中毒;燃烧产生的大量烟雾会大大影响人的视线,使人睁不开眼,给人们逃生、救援带来困难;燃烧产生的高温通过对流和辐射,会灼伤、烫伤人体;客观而论,由于各种物质燃烧的机理非常复杂,就当前的消防技术而言,人们在与火灾的斗争中尚处于下风。

　　智能楼宇的消防系统设计应立足于防患未然,在尽量选用阻燃型建筑装修材料的同时,楼宇的照明与配电系统、机电设备的控制系统等强电系统必须符合消防要求。其次,需要建立起一个对各类火情能准确探测、快速报警,并迅速将火势扑灭在起始状态的智能消防系统。

　　2. 智能楼宇对消防报警系统的要求

　　智能消防系统综合应用了自动检测技术、现代电子工业技术及计算机技术等高新技术。火灾自动检测技术可以准确可靠地探测到火险所处的位置,自动发出警报,计算机接收到火情信息后自动进行火情信息处理,并据此对整个建筑内的消防设备、配电、照明、广播以及电梯等装置进行联动控制。可见,这样的消防系统智能化程度很高,作为 BAS 主系统中的一个子系统,它可以受控于主系统,也可以独立工作,并可与通信、办公及安防等其他子系统联网,实现整个建筑的综合智能化。

　　在智能化消防系统中:应选择智能型火灾探测器、复合型火灾探测器以及具有预警功能的线型光纤感温探测器或空气采样烟雾探测器等;对于重要的建筑物,火灾自动报警系统的主机应设有备份;应配置带有汉化操作的界面,操作软件的配置应简单,易操作;应预留与 BAS 的数据通信接口;应与安全防范系统实现互联;消防监控中心机房宜单独设置;应符合现行国家标准的有关规定;BAS 应能对火灾自动报警系统进行监视,但不做控制[7]。

　　3. 火灾自动报警系统的组成

　　消防体系中的核心是火灾自动报警系统,它由火灾探测报警系统、消防联动控制系统、可燃气体探测报警系统及电气火灾监控系统组成。火灾自动报警系统的组成如图 2.18 所示[8]。

　　(1)火灾探测报警系统

　　火灾探测报警系统是实现火灾早期探测并发出火灾报警信号的系统,一般由火灾触发器件(火灾探测器、手动火灾报警按钮)、声光报警器、火灾报警控制器等组成。

　　(2)消防联动控制系统

　　消防联动控制系统是火灾自动报警系统中接收火灾报警控制器发出的火灾报警信号,并按照逻辑完成各项消防功能的控制系统。它由消防联动控制器、消防控制室图形显示装置、消防电气控制装置(防火卷帘控制器、气体灭火控制器等)、消防电动装置、消防联动模块、消火栓按钮、消防应急广播设备、消防电话等设备和组件组成。

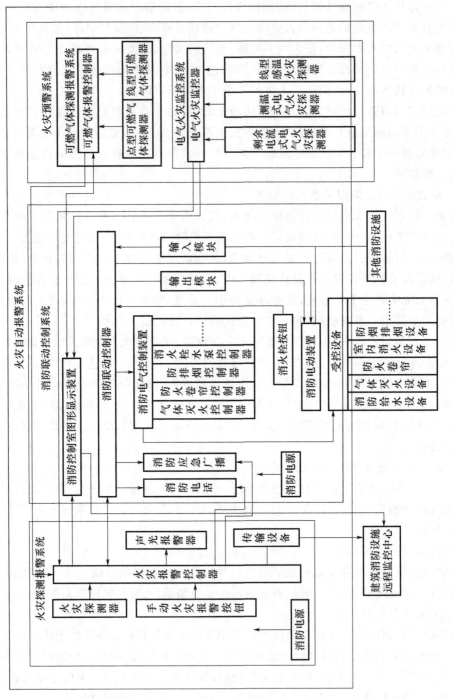

图 2.18 火灾自动报警系统组成示意图

（3）可燃气体探测报警系统

可燃气体探测报警系统是火灾自动报警系统的独立子系统，属于火灾预警系统，由可燃气体报警控制器、可燃气体探测器等组成。

（4）电气火灾监控系统

电气火灾监控系统是火灾自动报警系统的独立子系统，属于火灾预警系统，应由下列部分或全部设备组成：电气火灾监控器、剩余电流式电气火灾探测器、测温式电气火灾探测器、线型感温火灾探测器。

火灾自动报警系统应能在发生火灾后的第一时间识别到火灾，并迅速将火灾报警信号发送到消防控制室，使人员及早知晓火情，引导建筑物或场所内人员尽快逃生。同时，联动控制与之相连接的其他灭火系统、防排烟系统、防火分隔设施等，及时调动各类消防设施发挥应有作用，最大限度预防和减轻建筑物或场所的火灾危害。因此，要科学合理地设计和使用火灾自动报警系统，在火灾发生初期发挥"及早发现、引导疏散、有效控制"的作用。火灾自动报警系统的设计，应本着"以人为本、生命第一"的基本理念，以保护人民群众的生命和财产安全为设计目标，结合社会、经济和消防产品的发展现状，认真总结火灾事故教训和我国火灾自动报警系统工程的实践经验，充分吸收应用成熟可靠的新产品、新技术和科研成果，并应充分体现火灾早期探测和防控的设计概念和思路[9]。

4. 火灾自动报警系统的工作原理

火灾发生时，安装在保护区域现场的火灾探测器，将火灾产生的烟雾、热量和光辐射等火灾特征参数转变为电信号，经数据处理后，将火灾特征参数信息传输至火灾报警控制器；或直接由火灾探测器做出火灾报警判断，将报警信息传输到火灾报警控制器。火灾报警控制器在接收到探测器的火灾特征参数信息或报警信息后，经报警确认判断，显示发出火灾报警的探测器位置，记录探测器火灾报警的时间。处于火灾现场的人员，在发现火灾后可立即触动安装在现场的手动火灾报警按钮，报警按钮便将报警信息传输到火灾报警控制器，火灾报警控制器在接收到报警按钮的报警信息后，经报警确认判断，显示发出火灾报警的报警按钮位置，记录手动火灾报警按钮报警的时间。火灾报警控制器在确认火灾探测器和手动火灾报警按钮的报警信息后，驱动安装在被保护区域现场的火灾报警装置，发出火灾警报，警示处于被保护区域内的人员火灾的发生。火灾探测报警系统的工作原理如图 2.19 所示[10]。

5. 火灾探测器

一般来说，物质从开始燃烧，到火势渐大，再到酿成火灾有一个过程，依次是产生烟雾、周围温度逐渐升高、产生可见光或不可见光等，如图 2.20 所示。火灾探测器是一种在火灾发生后能依据火灾所产生的理化现象（烟雾、火焰、高温、一氧化碳等），将火灾信号转变为电信号，并输入火灾报警控制器，由报警控制器以声光信号发出警报的器件。因为任意一种探测器都不是万能的，所以针对火灾早期产生的烟雾、光和气体等现象，选择合适的火灾探测器是降低火灾损失的关键[11]。

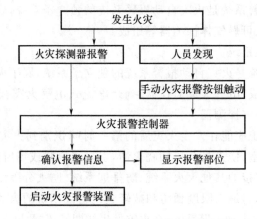

图 2.19　火灾探测报警系统工作原理图

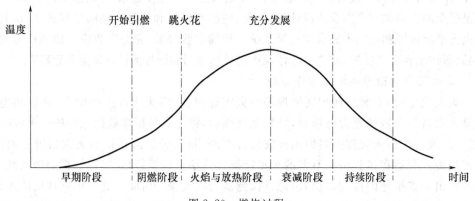

图 2.20　燃烧过程

(1)火灾探测器的分类

1)火灾探测器根据其探测火灾特征参数的不同,可以分为感温、感烟、感光、气体、复合等基本类型。

① 感温火灾探测器:响应异常温度、温升速率和温差变化等参数的火灾探测器。

② 感烟火灾探测器:响应悬浮在大气中的燃烧或热解产生的固体或液体特征的火灾探测器,进一步可分为离子感烟、光电感烟、红外光束、吸气型火灾探测器。

③ 感光火灾探测器:响应火焰发出的特定频段电磁辐射的火灾探测器,又称火焰探测器,进一步可分为紫外、红外、复合式等火焰探测器。

④ 气体火灾探测器:响应燃烧或热解产生的气体的火灾探测器。

⑤ 复合火灾探测器:集成多种探测原理的火灾探测器,进一步可分为烟温复合、红外紫外复合等火灾探测器。

　　此外,还有一些特殊类型的火灾探测器,包括:使用摄像机、红外热成像器件等视频设备或它们的组合获取监控现场视频信息,进行火灾探测的图像型火灾探测器;探测泄漏电流大小的漏电流感应型火灾探测器;探测静电电位高低的静电感应型火灾探测器;还有在一些特殊场合使用的,要求探测极其灵敏、动作极为迅速,通过探测爆炸产生的参数变化(如压力的变化)信号来抑制、消灭爆炸事故发生的微压型火灾探测器以及利用超声原理探测火灾的超声波火灾探测器等。

　　2)火灾探测器根据其监视范围的不同,分为点型火灾探测器和线型火灾探测器。

　　① 点型火灾探测器:响应一个小型传感器附近火灾特征参数的火灾探测器。

　　② 线型火灾探测器:响应某一条连续路线附近火灾特征参数的火灾探测器。

　　此外,还有一种多点型火灾探测器,它是响应多个小型传感器(如热电偶)附近火灾特征参数的探测器。

　　(2)常用火灾探测器

　　1)感烟火灾探测器。感烟火灾探测器对燃烧或热解产生的固体或液体微粒予以响应,可探测物质初期燃烧所产生的气溶胶或烟粒子浓度。因为感烟火灾探测器对火灾前期及早期报警很有效,所以其应用很广泛。常用的感烟火灾探测器有离子感烟火灾探测器、光电感烟火灾探测器等,图 2.21 所示为一些感烟火灾探测器实物。

图 2.21　感烟火灾探测器

　　① 离子感烟火灾探测器:适用于点型火灾探测。感烟电离室是离子感烟火灾探测器的核心传感器件,其工作原理如图 2.22a 所示。电离室两极间的空气分子受放射源 Am^{241}(镅-241)不断放出的 α 射线照射,高速运动的 α 粒子撞击空气分子,使两极间的空气分子电离为正离子和负离子,电极之间原本不导电的空气具有了导电性。此时在电场的作用下,由于正、负离子的有规则运动,电离室呈现典型的伏安特性,形成离子电流。

　　离子感烟火灾探测器感烟的原理是:当烟雾粒子进入电离室后,被电离部分的正离子与负离子吸附在烟雾粒子上,使正、负离子相互中和的概率增加;同时离子附着在体积比自身大许多倍的烟雾粒子上,会使离子运动速度急剧减慢,离子电流减小。显然,烟雾浓度大小可以以离子电流的变化量大小衡量,从而实现了对火灾过程中烟雾浓度参数的探测。

电离室可以分为单极性和双极性两种。电离室局部被 α 射线覆盖,使电离室一部分为电离区,另一部分为非电离区,从而形成单极性电离室。由图 2.22b 可知,烟雾进入电离室后,单极性电离室要比双极性电离室的离子电流变化大,相应的感烟灵敏度也要高。因此,单极性电离室结构的离子感烟火灾探测器更为常用。

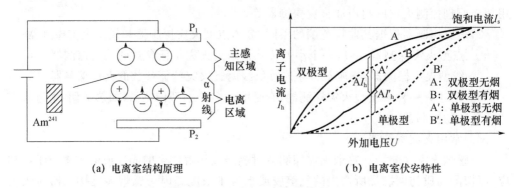

(a) 电离室结构原理　　　　　　　（b）电离室伏安特性

图 2.22　电离室结构和伏安特性

双源式离子感烟火灾探测器是一种双源双电离室结构的感烟探测器,即每一电离室都有一块放射源,其原理如图 2.23 所示。一个室为检测用开室结构电离室 M;另一个室为补偿用闭室结构电离室 R。这两个室反向串联在一起,检测室工作在其特性的灵敏区,补偿室工作在其特性的饱和区,即流过补偿室的离子电流不随其两端电压的变化而变化。如图 2.23b 所示,无烟时,探测器工作在 A 点。有烟时,由于检测室 M 中离子减少且运动速度减慢,相当于其内阻变大;又因双室串联,回路电流不变,故检测室两端电压增高,探测器工作点移至 B 点。A 点和 B 点间的电压增量 ΔU 反映了烟雾浓度的大小。

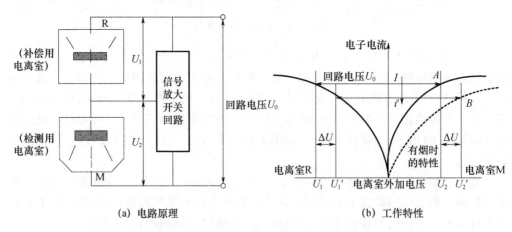

(a) 电路原理　　　　　　　（b）工作特性

图 2.23　双源式离子感烟火灾探测器的原理

单源式离子感烟火灾探测器原理如图 2.24 所示,其检测电离室和补偿电离室由电极板 P_1,P_2,P_m 构成,共用一个放射源;其检测室和补偿室都工作在非饱和灵敏区,电极板 P_m 位置的变化量大小反映了烟雾浓度的大小。单源式感烟火灾探测器的检测室和补偿室在结构上都是开室,两者受环境温度、湿度、气压等因素的影响相同,因而提高了对环境的适应性。

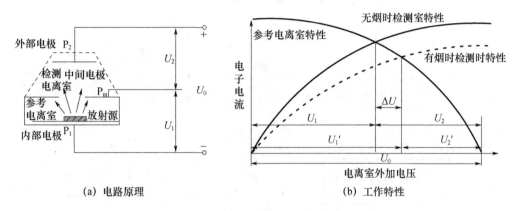

(a) 电路原理　　　　　　　　　　(b) 工作特性

图 2.24　单源式离子感烟火灾探测器的原理

离子感烟火灾探测器按对烟雾浓度检测信号的处理方式不同,可分为阈值报警式感烟火灾探测器、编码型类比感烟火灾探测器和分布智能式感烟火灾探测器。

② 光电感烟火灾探测器:利用烟雾粒子对光线产生遮挡和散射作用以检测烟雾的存在。下面分别介绍遮光型感烟火灾探测器和散射型感烟火灾探测器,其中遮光型感烟火灾探测器具体又可分为点型和线型两类。

点型遮光型感烟火灾探测器的原理如图 2.25 所示。其中,烟室为特殊结构的暗室,外部光线进不去,但烟雾粒子可以进入烟室。烟室内有一个发光元件及一个受光元件。发光元件发出的光直射在受光元件上,产生一个固定的光敏电流。当烟雾粒子进入烟室后,光被烟雾粒子遮挡,到达受光元件的光通量减弱,相应光敏电流减小;当光敏电流减小到某个设定值时,该感烟火灾探测器发出报警信号。

线型遮光型感烟火灾探测器在原理上与点型遮光型感烟火灾探测器相似,但在结构上有所不同。点型遮光型感烟火灾探测器中发光元件和受光元件同在一暗室内,整个探测器为一体化结构。而线型遮光型感烟火灾探测器中的发光元件和受光元件是分为两个部分安装的,两者相距一段距离,如图 2.26 所示。当光束通过的路径上无烟时,受光元件产生固定光敏电流,无报警输出;当光束通过的路径上有烟时,则光束被烟雾粒子遮挡而减弱,相应的受光元件产生的光敏电流下降,下降到一定程度则会导致探测器发出报警信号。发射光束可以是红外光束,也可以是激光束。

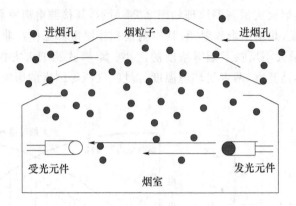

图 2.25 点型遮光型感烟火灾探测器的原理

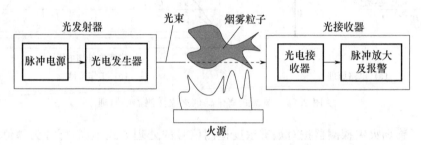

(a) 线型遮光型感烟火灾探测器原理

(b) 线型红外光束遮光型感烟火灾探测器实物图

图 2.26 线型遮光型感烟火灾探测器的原理及实物图

  散射型感烟火灾探测器的原理如图 2.27 所示。其烟室也是一个特殊结构的暗室，只进烟不进光。烟室内有一个发光元件，同时有一个受光元件。散射型感烟火灾探测器中的发射光束不是直射在受光元件上的，而是与受光元件错开。当无烟时，受光元件上不受光，没有光敏电流产生；当有烟进入烟室时，光束受到烟雾粒子的反射及散射而达到受光元件，产生光敏电流，该电流增大到一定程度会导致感烟火灾探测器发出报警信号。

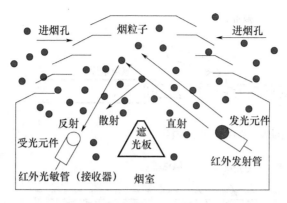

图 2.27　散射型感烟火灾探测器的原理

2)感温火灾探测器。感温火灾探测器是响应异常温度、温升速率和温差等参数的探测器,按其作用原理可分为定温式、差温式和差定温式三类。

① 定温式火灾探测器:常用的定温式火灾探测器利用的是双金属片热膨胀原理,其结构如图 2.28 所示。该探测器的温度敏感元器件是一块双金属片,火灾发生时,探测器周围的环境温度升高,双金属片受热会变形而发生弯曲。当温度升高到某一规定值时,双金属片向上弯曲推动触头接通电极,相关的电子线路会送出所测的信号。

定温式火灾探测器一般适用于温度缓慢上升的场合,它的缺点就是受气温变化的影响较大。定温式火灾探测器通常根据其对温度的动作响应值分别设置Ⅰ、Ⅱ、Ⅲ级灵敏度;常用的Ⅰ级灵敏度为 62 ℃,Ⅱ级灵敏度为 70 ℃,Ⅲ级灵敏度为 78 ℃。

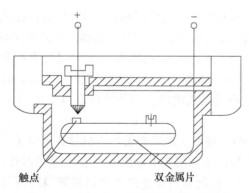

图 2.28　定温式火灾探测器结构示意图

线型定温式火灾探测器的温度检测元件是感温电缆,如图 2.29 所示,其导线外层覆盖负温度系数热敏绝缘材料,相互绞合后外加护套形成线缆,能够对沿着其安装长度范围内的任意一点的温度变化进行探测。

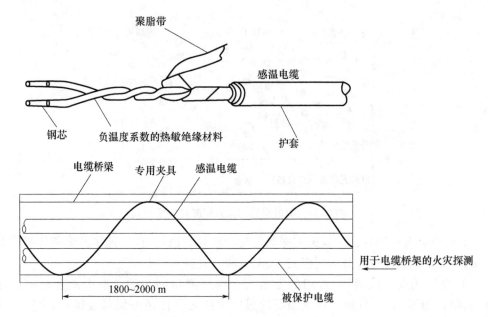

图 2.29　线型定温式火灾探测器

感温电缆中心导体外面是负温度系数的热敏绝缘材料。温度上升时,感温电缆线芯间的电阻减小。当温度上升到其响应值时,感温电缆线芯的热敏绝缘材料导通,导体短路,产生报警信号。这类探测器额定动作的温度等级分别有 70 ℃、85 ℃、105 ℃、138 ℃、180 ℃。在不同的安装场所,可用不同的塑料外套将感温电缆封装。在感温电缆的外侧,可以编织金属护套,以便提高产品的电磁兼容性和在爆炸场所内的安全性。

利用计算机可实时监测感温电缆线芯间的电阻,并结合算法进行处理。如果阻值的变化情况符合火灾模型即可发出报警信号。线型定温式火灾探测器能够在灯具敷设的整个长度范围内任意一点进行火灾探测,并显示火灾发生点距离感温电缆敷设起始点的距离。线型定温式火灾探测器的探测范围大、灵敏度高,其具备优越的环境干扰抵抗能力,在湿度大、粉尘大、腐蚀性强的场所仍能够可靠地工作,可广泛应用在各种工业环境中。

② 差温式火灾探测器:按照工作原理可分为机械式和电子式。

电子式差温式火灾探测器利用热敏电阻做主要敏感元器件,热敏电阻阻值会随着温度的升高而下降。通常,探测器内设置两个阻值相同、特性相似的热敏电阻,一个贴在探测器外壳上,而另一个会在其外部加一个金属外罩罩住。当外界温度缓慢变化时,两个电阻阻值相等或近似。当火灾发生时,由于温度急剧变化,贴在外壳上的电阻直接受热,随着外界温度的升高其阻值迅速下降;而另一个电阻由于受外界温度变化影响小,其阻值变化不大;因两个电阻值变化所产生的差异,会影响相关电子线路,使电路接通,随即发送火警信号。

机械式差温式火灾探测器利用的是热传递和气体受热发生膨胀的原理。火灾发生时,探测器外部的热气流使环境温度迅速上升,探测器内的空气受热膨胀,设在探测器里面的弹性敏感元器件产生位移,推动弹性接触片,接通电触点,发出报警信号。图 2.30 为一种膜盒式差温式火灾探测器的结构示意图。

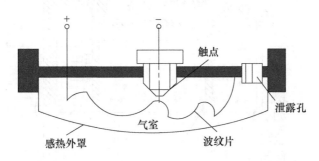

图 2.30　膜盒式差温式火灾探测器结构示意图

③ 差定温式火灾探测器:兼有差温和定温两种功能的探测器,当其中某一种功能失效时,另一种功能仍能起作用,大大提高了其可靠性。差定温式火灾探测器可分为机械式和电子式两类,采用热敏电阻做温度检测元件的电子式差定温式火灾探测器是目前的主流。

3)感光火灾探测器。燃烧时的辐射光谱可分为两大类:一类是由炽热碳粒子产生的具有连续性的热辐射光谱;另一类是由化学反应生成的气体和离子所产生的具有间断性的光辐射光谱,其波长多在红外及紫外光谱范围内。现在广泛使用的是红外式和紫外式两种感光火灾探测器。

红外式感光火灾探测器可利用火焰的红外辐射和闪烁现象探测火灾。红外光的波长较长,烟雾粒子对它的吸收和衰减远比紫外光及可见光弱。所以,即使火灾现场有大量烟雾,并且距红外探测器较远,红外式感光火灾探测器依然能接收到红外光。要强调的是,为区别背景红外辐射和其他光源中含有的红外辐射,红外式感光火灾探测器还要能够识别火光所特有的明暗闪烁现象,火光闪烁频率一般在 3～10 Hz。图 2.31 为红外式感光火灾探测器的结构示意图。为了保证红外光敏元件只接收红外光,在光传输路径上还要设置一块红玻璃片和一块锗片,以排除红外光之外其他光的影响。该红外式感光火灾探测器对于 0.3 m² 的火焰能在距离 45 m 处探测到,并发出报警信号。

4)可燃气体火灾探测器。可燃气体火灾探测器又称气体火灾探测器,是对探测区域内的气体参数敏感响应的探测器。它主要用于炼油厂、溶剂库和汽车库等易燃易爆场所。

5)复合火灾探测器。复合火灾探测器是对两种或两种以上火灾参数进行响应的探测器。它主要有感温感烟火灾探测器、感温感光火灾探测器和感烟感光火灾探测器等。

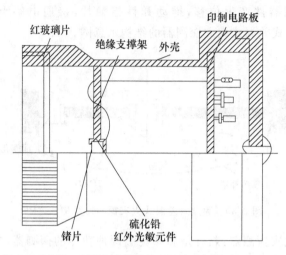

图 2.31 红外式感光火灾探测器结构示意图

(3)火灾探测器的系统组成方式及结构

1)多线制系统结构。多线制系统结构的特点是火灾控制采用信号巡检的方式,且火灾探测器和火灾报警控制器之间采用硬线对应连接关系,如图 2.32 所示。多线制系统由于设计、施工和维护复杂,已逐渐被淘汰。

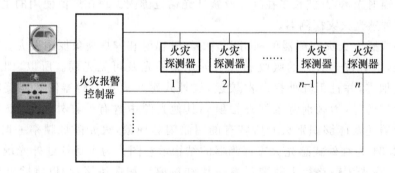

图 2.32 多线制系统结构示意图

2)总线制系统结构。总线制系统采用数字脉冲信号巡检和信息压缩传输,并采用编码及译码逻辑电路,来实现探测器与控制器之间的协议通信,这样可以减少线缆数。总线制系统有树形和环形两种结构,如图 2.33a 和图 2.33b 所示。还有一种系统的总线是与各探测器串联的,称为链式二总线,如图 2.33c 所示。探测器与控制器、功能模块与控制器之间都采用总线连接的系统组成方式称为全总线制,它可以模块驱动或硬线联动消防设备,抗干扰能力强、误报率低、系统总功耗小。

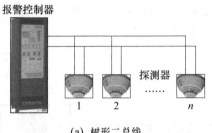

(a) 树形二总线

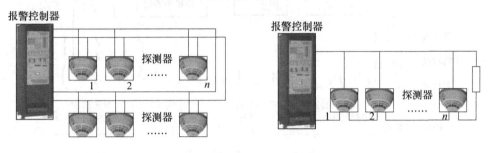

(b) 环形二总线　　　　　　　　　　　　　　　　　　(c) 链式二总线

图 2.33　总线制系统结构示意图

3)区域火灾自动报警系统结构。区域火灾自动报警系统的结构一般采用总线制并配置通用控制器,如图 2.34 所示。它的特点是火灾探测器仅完成参数的有效采集、变换和传输,控制器采用计算机技术实现火灾信号识别、数据集中处理贮存、系统巡检、报警灵敏度调整、火灾判定和消防设备联动等功能,并配以区域显示器完成分区声光报警,可满足智能楼宇的分区火灾自动报警需求。

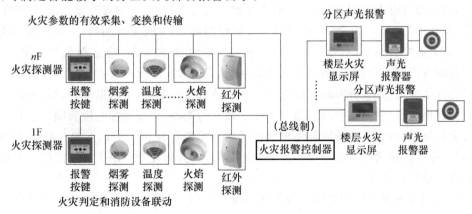

图 2.34　区域火灾自动报警系统结构示意图

(4)火灾探测器的选择

火灾探测器的选择非常重要,选择是否合理将会关系到系统的运行情况。应根据探测区域内的环境条件、火灾特点、房间高度和安装场所的气流状况等,选用适宜类型的火灾探测器或几种火灾探测器的组合,如图 2.35 所示。

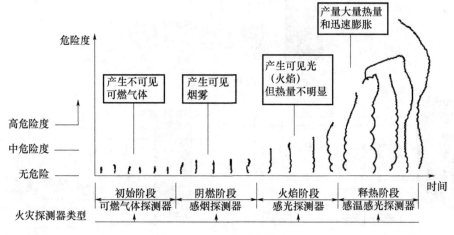

图 2.35　火灾探测器的选择

火灾会受到可燃物质类别、着火性质、可燃物质分布、着火场所条件、新鲜空气供给程度和环境温度等因素的影响。一般把火灾的发生与发展分为如下阶段:前期火灾尚未形成,只出现一定量的烟,基本上未造成物质损失;早期火灾开始形成,烟量大增,温度上升,已开始出现火,造成较小的损失;中期火灾已经形成,温度很高,燃烧加速,造成了较大的物质损失;晚期火灾已经扩散,造成一定损失。

火灾探测器的选择应符合如下规定:对火灾初期有阴燃阶段,产生大量的烟和少量的热,很少或没有火焰辐射的场所,应选择感烟火灾探测器;对火灾发展迅速,可产生大量热、烟和火焰辐射的场所,可选择感温火灾探测器、感烟火灾探测器、火焰探测器或其组合;对火灾发展迅速,有强烈的火焰辐射和少量烟、热的场所,应选择火焰探测器;对火灾初期有阴燃阶段,且需要早期探测的场所,宜增设一氧化碳火灾探测器;对使用、生产可燃气体或可燃蒸气的场所,应选择可燃气体火灾探测器;应根据保护场所可能发生火灾的部位和燃烧材料的分析,以及火灾探测器的类型、灵敏度和响应时间等选择相应的火灾探测器,对火灾形成特征不可预料的场所可根据模拟试验的结果选择火灾探测器;同一探测区域内设置多个火灾探测器时,可选择具有复合判断火灾功能的火灾探测器和火灾报警控制器。

1)点型火灾探测器的选择。对不同高度的房间,可按表 2.2 和表 2.3 选择点型火灾探测器。

表 2.2　不同高度房间点型火灾探测器的选择

房间高度(m)	点型感烟火灾探测器	点型感温火灾探测器			火焰探测器
		A_1,A_2	B	C,D,E,F,G	
$12<h\leqslant20$	不适合	不适合	不适合	不适合	适合
$8<h\leqslant12$	适合	不适合	不适合	不适合	适合
$6<h\leqslant8$	适合	适合	适合	不适合	适合
$4<h\leqslant6$	适合	适合	适合	不适合	适合
$h\leqslant4$	适合	适合	适合	适合	适合

注:表中 A_1,A_2,B,C,D,E,F,G 为点型感温火灾探测器的不同类别,其中具体参数应符合表 2.3 所示的规定。

表 2.3　点型感温火灾探测器分类

火灾探测器类别	典型应用温度(℃)	最高应用温度(℃)	动作温度下限值(℃)	动作温度上限值(℃)
A_1	25	50	54	65
A_2	25	50	54	70
B	40	65	69	85
C	55	80	84	100
D	70	95	99	115
E	85	110	114	130
F	100	125	129	145
G	115	140	144	160

　　下列场所宜选择点型感烟火灾探测器:饭店、旅馆、教学楼、办公楼的厅堂、卧室、办公室、商场等;计算机房、通信机房、电影或电视放映室等;楼梯、走廊、电梯机房、车库等;书库、档案库等。符合下列条件之一的场所,不宜选择点型离子感烟火灾探测器:相对湿度经常大于 95%;气流速度大于 5 m/s;有大量粉尘、水雾滞留;可能产生腐蚀性气体;在正常情况下有烟滞留;产生醇类、醚类、酮类等有机物质。符合下列条件之一的场所,不宜选择点型光电感烟火灾探测器:有大量粉尘、水雾滞留;可能产生蒸汽和油雾;高海拔地区;在正常情况下有烟滞留。

　　符合下列条件之一的场所,宜选择点型感温火灾探测器,且应根据使用场所的典型应用温度和最高应用温度选择适当类别的感温火灾探测器:相对湿度经常大于 95%;可能发生无烟火灾;有大量粉尘,吸烟室等在正常情况下有烟或蒸汽滞留的场所;厨房、锅炉房、发电机房、烘干车间等不宜安装感烟火灾探测器的场所;需要联动熄灭"安全出口"标志灯的安全出口内侧；其他无人滞留且不适合安装感烟火灾探测器，但发生火灾时需要及时报警的场所。可能产生阴燃火或发生火灾不及时报警将造成重大损失的场所，不宜选择点型感温火灾探测器；温度在 0 ℃以下的场所，不宜选择定温式火灾探测器；温度变化较大的场所，不宜选择差温特性的火灾探测器。

符合下列条件之一的场所，宜选择点型火灾探测器或图像型火灾探测器：火灾时有强烈的火焰辐射；可能发生液体燃烧等无阴燃阶段的火灾；需要对火焰做出快速反应。符合下列条件之一的场所，不宜选择点型火灾探测器和图像型火灾探测器：在火焰出现前有浓烟扩散；探测器的镜头易被污染；探测器的视线易被油雾、烟雾、水雾和冰雪遮挡；探测区域内的可燃物是金属或无机物；探测器易受阳光、白炽灯等光源直接或间接照射。

正常情况下探测区域内有高温物体的场所，不宜选择单频段红外式火焰探测器。正常情况下有明火作业，探测器易受 X 射线、弧光和闪电等影响的场所，不宜选择紫外式火焰探测器。

下列场所宜选择可燃气体火灾探测器：使用可燃气体的场所；燃气站和存储液化石油气罐的场所；其他散发可燃气体和可燃蒸气的场所。

在火灾初期产生一氧化碳的下列场所，可选择点型一氧化碳火灾探测器：烟不容易对流或顶棚下方有热屏障的场所；在棚顶上无法安装其他点型火灾探测器的场所；需要多信号复合报警的场所。污物较多且必须安装感烟火灾探测器的场所，应选择间断吸气的点型采样吸气式感烟火灾探测器，或具有过滤网和管路自清洗功能的管路采样吸气式感烟火灾探测器。

2）线型火灾探测器的选择。无遮挡的大空间或有特殊要求的房间，宜选择线型光束感烟火灾探测器。符合下列条件之一的场所，不宜选择线型光束感烟火灾探测器：有大量粉尘、水雾滞留；可能产生蒸汽和油雾；在正常情况下有烟滞留；固定探测器的建筑结构，由于振动等原因会产生较大位移。

下列场所或部位，宜选择缆式线型感温火灾探测器：电缆隧道、电缆竖井、电缆夹层、电缆桥架；不宜安装点型火灾探测器的夹层、闷顶；各种带式输送装置；其他环境恶劣不适合点型火灾探测器安装的场所。

下列场所或部位，宜选择线型光纤感温火灾探测器：除液化石油气外的石油储罐；需要设置线型感温火灾探测器的易燃易爆场所；需要监测环境温度的地下空间。

线型定温式火灾探测器的选择，应保证其不动作温度符合设置场所的最高环境温度的要求。

3）吸气式感烟火灾探测器的选择。下列场所宜选择吸气式感烟火灾探测器：具有高速气流的场所；点型感烟、感温火灾探测器不适宜的大空间、舞台上方、建筑高度超过12 m 或有特殊要求的场所；低温场所；需要进行隐蔽探测的场所；需要进行火灾早期探测的重要场所;人员不宜进入的场所。

灰尘比较大的场所,不应选择没有过滤网和管路自清洗功能的管路采样式吸气式感烟火灾探测器。

一个区域内需设置的火灾探测器数量的计算公式为:

$$N = \frac{S}{KA} \qquad\qquad (2\text{-}1)$$

式中:N 是火灾探测器数量,取整数;S 是该探测区域的面积;A 是火灾探测器的保护面积,需查阅相关书籍确定;K 是校正系数,容纳人数超过 10000 人的公共场所宜取 0.70～0.79,容纳人数为 1000～2000 人的公共场所宜取 0.80～0.89,容纳人数为 500～999 人的公共场所宜取 0.90～0.99,其他场所可取 1.0。

感烟火灾探测器和感温火灾探测器均以此公式计算。智能建筑内全部探测区域所需火灾探测器数量的总和即为该建筑需要配置的火灾探测器总数量。

2.2　智能建筑设备安全运行信息系统

2.2.1　供配电系统及其监控系统

随着科技的发展,新技术与新产品层出不穷,建筑物也向着更科技化、更现代化的方向发展。伴随建筑技术的迅速发展和现代化建筑的出现,建筑电气也发展成为以近代物理学、电磁学、电子学、光学、声学等理论为基础的,应用于建筑工程领域内的一门新兴的综合性工程学科。建筑电气工程就是以电能、电气设备和电气技术为手段来创造、维持与改善限定空间的功能和环境的工程,是介于土建和电气之间的一门综合性学科,其主要功能是输送、分配和运用电能,传递信息等,为人们提供舒适、安全、优质、便利的工作和生活环境。建筑电气工程主要包括建筑供配电技术、建筑设备控制技术、电气照明技术、防雷和接地等电气安全技术、现代建筑电气自动化技术、现代建筑信息及传输技术等。

电能可转换为机械能、热能、光能、声能等。电作为传输载体,它的传输速度快、容量大、控制方便,因而被广泛应用于生活各个领域。利用电学、电工学、电磁学、计算机科学等学科的理论和技术,在建筑物内部为人们创造理想的居住和生活环境。能充分发挥建筑物功能的系统就是建筑电气系统。建筑电气系统是由各种不同的电气设备组成的。

1. 供配电系统

(1)电力负荷的分级

用电设备所取用的电功率称为电力负荷。根据民用建筑对供电可靠性的要求及中断供电在政治、经济上所造成损失或影响的程度进行分级,各民用建筑电力负荷分级如下。

1)一级负荷。符合下列情况之一时,为一级负荷:中断供电将造成人身伤害;中断供电将在经济上造成重大损失;中断供电将影响重要用电单位的正常工作。在一级负荷中,当中断供电将造成人员伤亡或重大设备损坏,发生中毒、爆炸或火灾等情况的负荷,以及特别重要场所的不允许中断供电的负荷,应视为一级负荷中特别重要负荷。

2)二级负荷。符合下列情况之一时,为二级负荷:中断供电将在经济上造成较大损失;中断供电将影响较重要用电单位的正常工作。二级负荷宜由两回线路供电。

3)三级负荷。不属于一级和二级负荷者应为三级负荷。

(2)供电要求

1)一级负荷的供电要求。一级负荷应由双重电源供电,且当其中一个电源发生故障时,另一个电源不会因此同时受到损坏。对一级负荷中特别重要负荷,除需要两个电源外,还必须增设应急电源;为保证对特别重要负荷的供电,严禁将其他负荷接入应急供电系统。设备的供电电源的切换时间,应满足设备允许中断供电的要求。

应急电源通常采用独立于正常电源的发电机组、供电网络中独立于正常电源的专用馈电线路、蓄电池组或干电池等。应急电源应根据允许中断供电的时间选择,并应符合下列规定:允许中断供电时间为 15 s 以上的供电,可选用快速自启动的发电机组;自动投入装置的动作时间能满足允许中断供电时间的,可选用带有自动投入装置的独立于正常电源之外的专用馈电线路;允许中断供电时间为毫秒级的供电,可选用蓄电池静止型不间断供电装置或柴油机不间断供电装置。应急电源与正常电源之间,应采取防止并列运行的措施。当有特殊要求,应急电源向正常电源转换需短暂并列运行时,应采取安全运行的措施。

2)二级负荷的供电要求。当发生电力变压器故障或线路常见故障时,应不致中断供电或中断后能迅速恢复。在负荷较小或地区供电条件困难时,二级负荷可由高压 6 kV 及以上专用架空线路供电。

3)三级负荷的供电要求。三级负荷对供电无特殊要求,通常采用单回路供电,但是应做到使配电系统简洁可靠,尽量减少配电级数,低压配电级数一般不宜超过四级,且应在技术经济合理的条件下尽量减少电压偏差和电压波动。

4)设置自备电源的要求。符合下列条件之一时,用户宜设置自备电源:需要设置自备电源作为一级负荷中的特别重要负荷的应急电源,或第二电源不能满足一级负荷的条件;设置自备电源相较于从电力系统取得第二电源更为经济合理;有常年稳定余热、压差、废弃物可供发电,技术可靠,经济合理;所在地区偏僻,远离电力系统,设置自备电源经济合理;有设置分布式电源的条件,能源利用效率高,经济合理。

5)其他供电要求。各级负荷的备用电源设置可根据用电需要而确定,备用电源必须与应急电源隔离。

需要两回电源线路的用户,宜采用同级电压供电,但根据各级负荷的不同需要及地区供电条件,也可采用不同电压供电;同时供电的两回及以上供配电线路中,当有一回路中断供电时,其余线路供电应能满足全部一级负荷和二级负荷。供配电系统应简单可靠,同一电压等级的配电级数高压不宜多于两级,低压不宜多于三级。

高压配电系统宜采用放射式,根据变压器的容量、分布和地理环境等情况的不同,也可采用树干式或环式。

根据负荷的容量和分布,配变电所应靠近负荷中心。当配电电压为 35 kV 时,也可直降至低压配电电压。在用户内部邻近的变电所之间,宜设置低压联络线。小负荷的用户,宜接入地区低压电网。

(3)建筑物内电气系统的组成

建筑物供配电是电力系统用电户的一个组成部分,主要是研究建筑物内部的电力供应、分配和使用。现代建筑中,各类电气设备主要由以下系统组成。

1)变配电系统。建筑物内用电设备运行的允许电压(额定电压)低于 380 V,但如果输电线路电压为 10 kV、35 kV 或以上时,必须设置为建筑物供电所需的变压器室等,并装设低压配电装置。这种变电、配电的设备和装置组成变配电系统。

2)动力设备系统。一栋高层建筑物内有很多动力设备,如水泵、锅炉、空调、送风机、排风机、电梯等,这些设备及其供电线路、控制电器、保护继电器等就组成了动力设备系统。

3)照明系统。照明系统包括各种电光源、灯具和照明线路。根据建筑物的不同用途,其各个电光源和灯具特性有不同的要求,这就组成了整个照明系统。

4)防雷和接地装置。雷电是不可避免的自然灾害,而建筑物防雷装置能将雷电引泄入地,使建筑物免遭雷击。另外,从安全角度考虑,建筑物内各用电设备的金属部分都必须可靠接地,因此整个建筑物必须要有统一的防雷和接地安全装置(统一的接地体)。

5)弱电系统。弱电系统主要用于传输各类信号,如电话系统、有线广播系统、消防监测系统、闭路监控系统、共用电视天线系统、计算机管理系统等。

(4)建筑物对供配电系统的要求

建筑物对供电系统的要求有以下方面。

1)保证供电的可靠性。根据建筑物用电负荷的等级和大小、外部电源情况、负荷与电源间的距离等,确定供电方式和电源的回路数,保证为建筑物提供可靠的电源。

2)满足电源的质量要求。稳定的电源质量是用电设备正常工作的根本保证,电源电压的波动、波形的畸变、多次谐波的产生都会对建筑物内用电设备的性能产生影响,对计算机及其网络系统产生干扰,导致设备使用寿命降低,使某些控制回路的控制过程中断或造成延误。所以,应该采取措施降低电压损失、防止电压偏移、抑制高次谐波,为建筑物提供稳定、可靠的高质量电源。

3)降低电能的损耗。对于建筑物供电,避免不必要的电能浪费是节约能源的一个重要途径。合理地安排投入运行的变压器台数,根据线缆的电流密度选用合理配电线缆截面。合理配光,采用满足节能要求的控制方法,尽量利用天然光束,减少照明,根据时间、地点、天气变化及工作和生活需要灵活地调节各种照度水平。建筑物内一般有数量较多的电动机,除锅炉供暖系统的热水循环泵、鼓风电动机、输送带电动机外,还有电梯曳引电动机、高压水泵电动机等,应保证经济运行,选择合适的电动机功率,减少轻载和空载运行时间等,这些都是节约电能的有效保证。

(5)建筑物供配电系统的常用供电方式

建筑物供配电应满足供电可靠、接线简单、运行安全、操作方便灵活、使用经济合理的原则。因此,根据建筑物内各用电系统的不同用电需求提供不同类型的供电方式,是保证建筑物正常用电需求的有效途径。建筑物或变配电室内常用的高、低压供电方式有放射式供电、树干式供电、环式供电和混合式供电。

1)放射式供电。放射式供电是从建筑物内的电源点(配电室)引出一条电源回路,直接向各用电点(用电系统或负荷点)供电,沿线不支接其他的用电负荷的供电方式。图 2.36 所示是几种放射式供电的接线图。

放射式供电的优点是接线简单,操作维护方便,引出线发生故障时互不影响,供电可靠性高;缺点是有色金属消耗量较大,采用的开关设备也较多,投资较大。放射式供电多用于高压、用电设备容量大、负荷等级较高的用电系统或设备。

2)树干式供电。树干式供电是由变配电所高压母线或低压配电柜(屏)引出配电干线,沿干线直接引出电源,回路到各变电所或负荷点的供电方式。图 2.37、图 2.38 分别是高、低压树干式供电接线图。

与放射式供电相比,树干式供电具有引出线和有色金属消耗量小、投资少的优点,但其供电可靠性差,适用于负荷等级较低或供电容量较小且分布均匀的用电设备或单元的供电。一种新研制出的预分支电缆就属于树干式供电。

3)环式供电。环式供电是经过改进的树干式供电,两路树干式供电连接起来就构成了环式供电,如图 2.39 所示。

环式供电运行灵活,供电可靠性高,有闭环和开环两种运行方式。闭环环式供电对两回路之间连接设备的开关性能要求非常高,其安全性通常不能得到可靠的保障。因此多采用开环的方式,即环式线路中有一处开关是断开的,在现代化城市配电网中,这种接线应用较广。

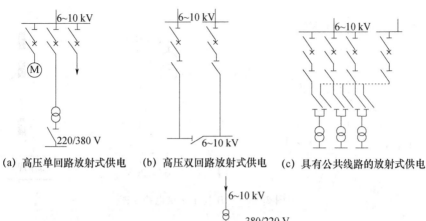

(a) 高压单回路放射式供电　(b) 高压双回路放射式供电　(c) 具有公共线路的放射式供电

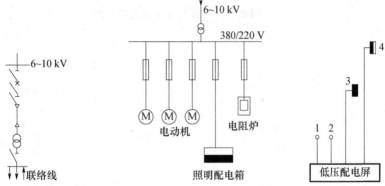

(d) 具有低压联络线的放射式供电   (e) 低压放射式供电

图 2.36   高、低压放射式供电接线图

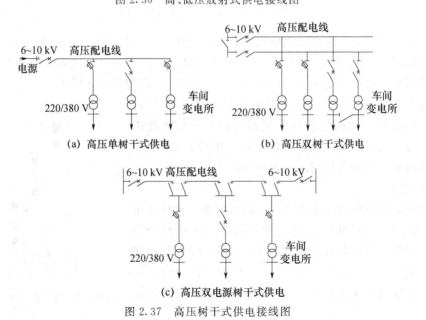

(a) 高压单树干式供电   (b) 高压双树干式供电

(c) 高压双电源树干式供电

图 2.37   高压树干式供电接线图

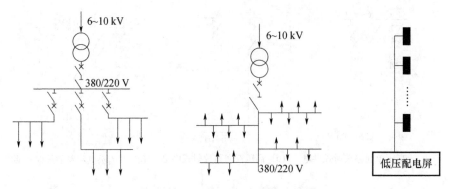

图 2.38　低压树干式供电接线图

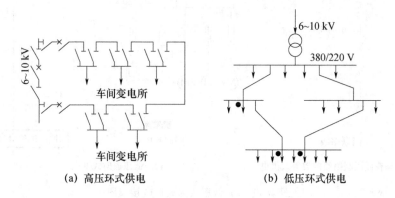

(a) 高压环式供电　　　　　　(b) 低压环式供电

图 2.39　高、低压环式供电接线图

4)混合式供电。混合式供电是将某两种或两种以上接线方式结合起来的一种供电方式,可兼具各个供电方式的优点。因为混合式供电具有各个接线方式的特点,目前在新兴建筑的供配电系统中使用越来越广泛。图 2.40 即为混合式供电。

配电系统的供配电究竟采用什么方式,应根据具体情况,对供电可靠性、经济性等进行综合比较后才能确定。一般地说,配电系统宜优先考虑采用放射式供电。低压接线常常根据实际情况有多种供电方式。

(6)变压器

供配电系统中的一个重要设备是变压器。变压器由铁芯(或磁芯)和绕组组成,是一种变换交流电压、电流和阻抗的器件。变压器有两个或两个以上的绕组,其中连接电源的绕组叫一次绕组,其余的绕组叫二次绕组。当一次绕组中通有交流电流时,铁芯中便产生交流磁通,使

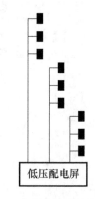

图 2.40　混合式供电接线图

二次绕组中感应出相应的电压(或电流)。变压器的种类很多,按不同的形式有不同的分类。其中,按冷却方式可分为干式变压器、油浸变压器、氟化物变压器。

1)变压器的参数。变压器的一些主要技术数据都标注在铭牌上,包括工作频率、额定电压及其分接、额定容量、绕组联结组和其他额定性能数据(如阻抗电压、空载电流、空载损耗、负载损耗和总重)。另外,还有一些技术指标也是衡量变压器好坏的主要依据。

① 工作频率:变压器铁芯的损耗与使用频率关系很大,应根据变压器的使用频率来设计铁芯,这种频率称为工作频率。我国的国家标准频率为 50 Hz。

② 额定电压:变压器长时间运行时所能承受的工作电压称为额定电压。为适应电网电压变化的需要,变压器高压侧都有分接抽头,通过调整高压绕组匝数来调节低压侧输出电压。

③ 额定容量:变压器在额定电压和额定电流下连续运行时能输出的容量称为额定容量。对于单相变压器,额定容量是指额定电流与额定电压的乘积;对于三相变压器,额定容量是指三相容量之和。

④ 温升:变压器通电工作后,其温度上升至稳定值时高出周围环境温度的数值称为温升。温升越小越好,有时用最高工作温度代替温升。变压器作为安全性要求极高的设备,如果在正常工作或局部产生故障时,其温升过高,且超出变压器材料(如骨架、线包、漆层等)所能承受的温度上限,可能会使变压器绝缘失效,引起触电或着火危险。所以,温升的大小也是衡量变压器好坏的主要标准。

2)变压器的选择。在供配电系统中,变压器数值、容量及形式的选择相当重要。变压器选择合理与否,直接影响着供配电系统电网的结构和安全性、供电的可靠性和经济性、电能的质量、工程投资与运行费用等。但变压器的种类和型号较多,通常需要通过选择合理的额定电压、额定容量和变压器台数来确定合适的变压器型号。

① 变压器电压等级的选择:变压器一、二次侧电压的选择与用电量的多少、用电设备的额定电压和高压电力网距离的远近等因素都有关系。一般说来,变压器高压侧绕组的电压等级应尽量与当地的高压电力网一致,而低压侧的电压等级应根据用电设备的额定电压确定。对于普通的民用建筑,变压器的低压侧多选用 0.4 kV 的电压等级。

② 变压器容量的选择:变压器的容量一般根据使用部门提供的该变压器负荷的大小及特点讨论。对于高层用户来说,既希望变压器的容量不要选得过大,以免增加初投资;又希望变压器的运行效率高,电能损耗小,以节约运行费用。变压器容量选择过大会导致欠载运行,造成很大的浪费;但选择过小会使变压器处于过载或过电流运行状态,长期运行会导致变压器过热甚至烧毁。变压器容量的选择要综合考虑变压器负载性质、现有负载的大小、变压器效率、近远期发展规模和一次性建设投

资的大小等。

③ 变压器台数的选择：主变压器台数的确定应根据地区供电条件、负荷性质、用电容量和运行方式、用电可靠性等条件综合考虑。当符合下列条件之一时，宜装设两台及两台以上变压器：有大量一级或二级负荷；季节性负荷变化较大；集中负荷较大。

对于装设两台及两台以上变压器的变电所，其中任意一台变压器断开时，其余变压器的容量应满足一级负荷和二级负荷的用电需要。装设多台变压器时，其运行方式应满足并联条件，即联结组别与相位关系相同；电压和变压比应相同，允许偏差相同，调压范围内的每级电压相同；应防止二次绕组之间因存在电动势差而产生循环电流，影响容量输出和烧坏变压器；短路阻抗应相同，控制在 10% 的允许偏差范围内（容量比为 0.5～2.0）；应保证负荷分配均匀，防止短路阻抗和容量小的变压器过载，短路阻抗和容量大的变压器欠载。短路阻抗的大小必须满足系统对短路电流的要求，否则应采取限制措施。

④ 变压器类型的确定：在高层建筑中，变压器室多设于地下层，为满足消防等要求，配电变压器一般选用干式或环氧树脂浇注变压器。国家标准对干式变压器给出了明确的定义：铁芯和线圈不浸在绝缘液体中的变压器称为干式变压器。干式变压器的绝缘介质、散热介质是空气。广义上讲可以将干式变压器分为包封式和敞开式两类。根据使用绝缘材料的不同，目前国内变压器市场上以铜为导体材料的干式变压器可分为 SCB 型环氧树脂浇注干式变压器、SGB 型敞开式非包封干式变压器、SCR 型缠绕式干式变压器、非晶合金干式变压器和六氟化硫（SF_6）气体绝缘干式变压器等。

目前，我国干式变压器的性能指标及其制造技术已达到世界先进水平，并且我国已成为世界上树脂绝缘干式变压器产销量最大的国家之一。干式变压器具有性能优越、耐冲击、机械强度好、抗短路能力强、抗开裂性能强、防潮湿、散热效果好、低噪声及节能等特点。

2. 供配电系统的监控

(1) 供配电监控系统概述

楼宇自动化系统的正常运行需要依靠正常的电力供应。对智能建筑的供配电系统进行监控，确保其正常运行是保证智能建筑发挥功能的必要条件。可见，供配电监控系统是楼宇自动化系统的基本组成之一。供配电系统为供配电监控系统提供动力，供配电监控系统则为供配电系统提供保护。为保证供配电监控系统的正常运行，通常还需要设置后备蓄电池组。

根据消防法规定，高层建筑中的消防水泵、消防电梯、紧急疏散照明设备、防排烟设备、电动防火卷帘门等，必须按照一级负荷的要求设置自备应急柴油发电机组。

当城市供电网停电时,保证其能在 10～15 s 内迅速启动并接上应急负荷。对柴油发电机组的监控应包括电压、电流的监测,机组运行状态监视,故障报警和日用油液位监测等。

　　建筑物供配电系统直接与城市供电网相连,是城市供电网的一个终端。建筑物供配电系统的运行安全直接关系到城市供电网的运行安全。因此,要对建筑物供配电系统进行监控,并保证建筑物供配电系统的安全。但要说明的是,即使没有监控系统,供配电系统也必须利用关键部位器件的自我保护功能实现对城市供电网和本系统的安全保护。而安装监控系统可及时发现隐患,根据报警提示及时进行维护,或定期打印检修报告,防患于未然。在出现故障后,也可利用监控系统的历史数据快速进行诊断和维修。

　　(2)供配电监控系统的分类

　　根据供配电系统的供电电压,常将供配电系统分为高压变配电段和低压变配电段。以变压器为划分界限,变压器的一次侧电压(6～10 kV,大型建筑有可能更高)线路为高压变配电段,二次侧电压(380/220 V)线路为低压变配电段。图 2.41、图 2.42 所示分别为高、低压变配电监控系统原理。

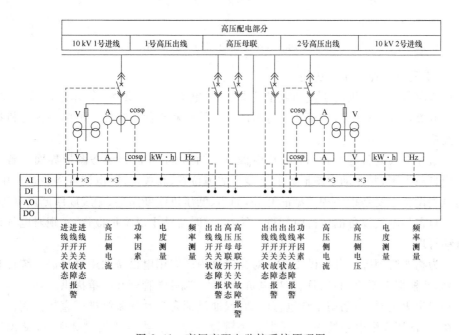

图 2.41　高压变配电监控系统原理图

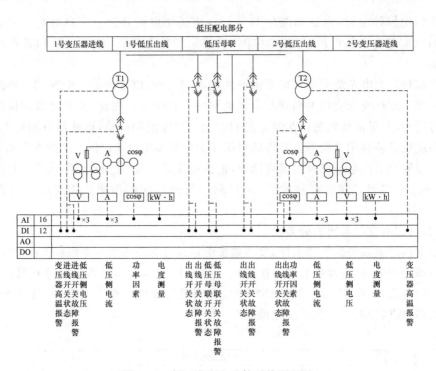

图 2.42　低压变配电监控系统原理图

（3）供配电监控系统的功能

1）监测各种反映供电质量和数量的参数（如电流、电压、频率、有功功率、无功功率、功率因数等）和功率计算，为正常运行时的计量管理和事故发生时的故障原因分析提供数据支持。

2）监控电气设备运行状态和变压器温度，并提供电气监控动态图形界面。若发现故障则自动报警，并在动态图形界面上显示故障位置、相关电压、电流等参数。其中，监视的电气设备主要是指各种类型的开关，如高、低压进线断路器、母线联络断路器等。

3）对各种电气设备的运行时间进行统计，定时自动生成维护报告，实现对电气设备的自动管理。

4）为物业管理等服务提供支持。对建筑物内所有用电设备的用电量进行统计和电费计算，并根据需要绘制日、月、年用电负荷曲线，为科学管理和决策提供支持。

5）发生火灾时，与消防系统进行联动，或通过消防自动化系统进行直接控制。

在高、低压变配电系统中，变压器是关键设备之一。当变压器过载时，线圈温度会升高。为防止持续高温造成的损坏，大型变压器常自带温度控制器，以实现对变压器的简单保护。楼宇自动化系统的高、低压监控系统可直接从温度控制器中获取开关量信号,并可省去对冷却风机的监控输出信号。

在供配电系统中,还存在风机、水泵、冷水机组、照明系统等各类型的低压动力柜(或配电箱)。在自动化程度要求较高的楼宇自动化系统中,除了利用动力柜监控用电设备外,还需要对动力柜的供电质量和数量等参数进行监测。这些参数包括动力柜进线电流、进线电压,断路器故障报警,进线有功功率、无功功率、功率因数、总电量等。另外,应高度重视对高、低压变配电系统中一次检测仪表的耐压等要求。

2.2.2　照明系统及其监控系统

1. 照明的基本概念

人能感受到光是因为电磁波辐射到人的眼睛,经视觉神经转换为光线(即能被肉眼看见的那部分光谱)。这类射线的波长范围在 360~830 nm,仅仅是电磁辐射光谱中非常窄的一部分。

建筑照明必须遵循安全、适用、经济、美观的基本原则。所谓适用,是指能提供一定数量和质量的照明,保证规定的照度水平,满足人们的工作、学习和生活需要。灯具的类型、照度的大小、光色的变化等都应与使用要求一致。照明的经济性包括两个方面的含义:一是采用先进技术,充分发挥照明设施的实际效益,尽可能地以较小的费用获得较大的照明效果;二是所用的照明设施应符合我国当前在电力供应、设备和材料方面的生产水平要求。

照明装置具有装饰房间、美化环境的作用。特别对于装饰性照明,更应有助于丰富空间的深度和层次,显示被照物体的轮廓,使色彩和图案影响环境气氛。但是,在考虑美化作用时也应从实际出发,注意节约。对于一般的生产、生活福利设施,不能为了照明装置的美观而过多投资。环境条件对照明设施影响很大,要使照明与现场环境相协调,必须正确选择照明方式和光源种类,以及灯具的功率、数量、形式、光色等。

在选择照明设备时,必须充分考虑现场环境条件。这里的环境条件主要是指空气的温度、湿度、含尘量、有害气体或蒸汽量、辐射热等。要严格根据现场环境选择灯具和照明控制设备,杜绝一切可能发生的不安全事故。

(1)照明的分类

1)按照明方式分类,可分为一般照明、分区一般照明、局部照明和混合照明。

① 一般照明:特点主要是光线分布比较均匀,能使空间显得宽敞明亮,其主要适用于观众厅、会议厅、办公厅等场所。

② 分区一般照明:主要是根据各分区的主要需要而设置的照明。

③ 局部照明:局限于特定工作部位的固定或移动的照明。它的特点是能为特定的工作提供更为集中的光线,并能形成有特点的气氛和意境。客厅、书房、卧室、餐厅、展

览厅和舞台等使用的壁灯、台灯、投光灯等都属于局部照明。

④ 混合照明:一般照明与局部照明共同组成的照明。混合照明的实质是在一般照明的基础上,对需要另外提供光线的地方布置特殊的照明灯具。该方式在装饰与艺术照明中应用得很普遍。商店、办公楼、展览厅等大部分都采用这种比较理想的照明方式。

2)按照明的用途分类,可分为正常照明、事故照明、警卫照明、值班照明和障碍照明。

① 正常照明:在正常工作时使用的照明。它一般可单独使用,也可与事故照明、值班照明同时使用,但控制电路必须分开。

② 事故照明:在正常照明因故障熄灭后,供事故情况下继续工作或安全通行的照明。事故照明灯宜布置在可能引起事故的设备、材料周围以及主要通道出入口,在灯具的明显部位涂上红色,以示区别。

③ 警卫照明:用于警卫地区附近的照明。是否设置警卫照明应根据被照场所的重要性和当地治安部门的要求来决定。警卫照明一般沿警卫线装设。

④ 值班照明:照明场所在无人工作时保留的一部分照明。可以利用正常工作中能单独控制的一部分,或利用事故照明的一部分或全部作为值班照明。值班照明应该有独立的控制开关。

⑤ 障碍照明:装设在建筑物上作为障碍标志用的照明。在飞机场周围较高的建筑物上,或有船舶通行的航道两侧的建筑物上,都应该按照民航和交通部门的有关规定装设障碍照明灯具。

(2)电光源的特性

人们通常用一些参数来说明电光源的工作特性。说明电光源工作特性的主要物理参数如下。

1)额定电压和额定电流。光源按预定要求进行工作时所需要的电压和电流。在额定电压和额定电流下运行时,光源具有最高的效率。

2)灯泡功率。灯泡在工作时所消耗的电功率。通常灯泡按一定的功率等级制造。额定功率指灯泡在额定电流和额定电压下所消耗的功率。

3)光通量输出。灯泡在工作时所发出的光通量。光源的光通量输出与许多因素有关,特别是与工作时间有关,一般是工作时间越长,其光通量输出越低,

4)发光效率。灯泡所发出的光通量 Φ 与消耗的功率 P 之比,它是表征光源经济性的参数之一。

5)寿命。光源从初次通电工作起,到其完全丧失或部分丧失使用价值为止的全部工作时间。

6)光谱能量分布。说明光源辐射的光谱成分和相对强度,一般以分布曲线形式

给出。

（3）电光源的分类

建筑中常用的电光源由白炽灯、荧光灯、荧光高压汞灯、卤钨灯、高压钠灯和金属卤化物灯等组成。根据其工作原理,电光源基本上可分为热辐射光源和气体放电光源。

1）热辐射光源。主要是利用电流将物体加热到白炽状态而发光的光源,如普通照明灯、白炽灯、卤钨灯。

2）气体放电光源。利用电流通过气体或蒸汽而发射光的光源。这种光源具有发光效率高、使用寿命长等特点,使用极为广泛,如氖灯、汞灯。

（4）灯具的分类

1）按光通量在空间上的分配,可分为直接型、半直接型、漫射型、半间接型和间接型。

① 直接型:这类灯具 90% 以上的光通量向下直接照射,效率高;但灯具上半部分几乎没有光通量,方向性强导致阴影较浓。按配光曲线可分为广照型、均匀照型、配照型、深照型、特深照型。

② 半直接型:这类灯具的大部分光通量（60%～90%）射向下半部分空间,少部分射向上方,射向上方的分量将减少照明环境所产生的阴影的硬度并改善其各表面的亮度比。

③ 漫射型:灯具向上、向下的光通量几乎相同（各占 40%～60%）。最常见的是乳白玻璃球形灯罩,其他各种形状的漫射透光封闭灯罩也有类似的配光。这种灯具将光线均匀地投向四面八方,因此光通利用率较低。

④ 半间接型:灯具向下的光通量占 10%～40%,它的向下分量往往只用来产生与天棚相称的亮度,此分量过多或分配不适当也会产生直接或间接眩光等一些缺陷。上面敞口的半透明罩属于这一类。它们主要作为建筑装饰照明,由于大部分光线投向天花板和上部墙面,增加了室内的间接光,光线更为柔和宜人。

⑤ 间接型:灯具的小部分光通量（10% 以下）向下。布置设计完美时,间接型灯具可使全部天棚成为一个照明光源,达到柔和无阴影的照明效果。由于间接型灯具的向下光通量很少,只要布置合理,直接眩光与反射眩光都会很小。此类灯具的光通利用率比上述四种低。

2）按灯具的结构,可分为开启型、闭合型、封闭型、密闭型、防爆型、隔爆型、安全型和防振型。

① 开启型:光源与外界空间直接相通,没有包含物。常用的灯具类型有配照灯、广照灯和探照灯。

② 闭合型:具有闭合的透光罩,但灯罩内外可以自然通气。常用的灯具类型有圆球灯、双罩型灯和吸顶灯。

③ 封闭型:透光罩接合处加以一般封闭,但灯罩内外可以有限通气。

④ 密闭型:透光罩接合处严密封闭,灯罩内外空气严密隔绝。常用的灯具类型有防水灯、防尘灯和密闭荧光灯。

⑤ 防爆型:透光罩及接合处有高强度支撑物,可承受要求的压力。常用的灯具类型有防爆安全灯和荧光安全防爆灯。

⑥ 隔爆型:在灯具内部发生爆炸时,经过一定间隙的防爆面后,不会引起灯具外部爆炸。

⑦ 安全型:在正常工作时不产生火花、电弧,或在危险温度部件上采用安全措施,提高安全系数。

⑧ 防振型:可装在振动的设施上。

3)按安装方式,可分为壁灯、吸顶灯、嵌入式灯、半嵌入式灯、吊灯、地脚灯、台灯、落地灯、庭院灯、道路/广场灯、移动式灯和应急照明灯。

① 壁灯:装在墙壁、庭柱上,主要用于局部照明、装饰照明或不适宜在顶棚安装灯具以及没有顶棚的场所。其类型主要有筒式壁灯、夜间壁灯、镜前壁灯、亭式壁灯、灯笼式壁灯、组合式壁灯、投光壁灯、吸壁式荧光灯、门厅壁灯、床头摇臂式壁灯、壁画式壁灯和安全指示式壁灯。

② 吸顶灯:将灯具吸贴在顶棚面上,主要用于没有顶棚的房间内。吸顶灯主要有组合方型灯、晶罩组合灯、晶片组合灯、灯笼吸顶灯、格栅灯、筒形灯、直口直边形灯、斜边扁圆形灯、尖扁圆形灯、圆球形灯、长方形灯、防水形灯、吸顶式点源灯、吸顶式荧光灯、吸顶式发光带和吸顶裸灯泡,其应用比较广泛。吸顶式发光带适用于计算机房、变电站;吸顶式荧光灯适用于照度要求较高的场所;封闭式带罩吸顶灯适用于照度要求不是很高的场所,它能有效地限制眩光,外形美观,但发光效率低;吸顶裸灯泡适用于普通的场所,如厕所、仓库。

③ 嵌入式灯:适用于有顶棚的房间,灯具是嵌入在顶棚内安装的,这种灯具能有效地消除眩光,与顶棚结合能形成美观的装饰艺术效果。嵌入式灯主要有圆格栅灯、方格栅灯、平方灯、螺钉罩灯、嵌入式格栅荧光灯、嵌入式保护荧光灯、嵌入式环形荧光灯、方形玻璃片嵌顶灯和嵌入式点源灯。

④ 半嵌入式灯:将灯具的一半或一部分嵌入顶棚内,另一半或另一部分露在顶棚外面,它介于吸顶灯和嵌入式灯之间。这种灯在清除眩光的效果上不如嵌入式灯,但它适用于顶棚深度不够的场所,在走廊等处应用较多。

⑤ 吊灯:最普通的一种灯具安装方式,也是运用最广泛的一种。它主要利用吊杆、吊链、吊管、吊灯线来吊装灯具,以达到不同的效果。在商场、营业厅等场所,利用吊杆式荧光灯组成一定规则的图案,不但能满足照明功能上的要求,而且还能形成一定的艺术装饰效果。吊灯主要有圆球直杆灯、碗形罩吊灯,伞形吊灯,明月罩吊灯、束腰罩吊灯、灯笼吊灯、组合水晶吊灯、三环吊灯、玉兰罩吊灯、花篮罩吊灯和棱晶吊灯。带有反

光罩的吊灯,配光曲线比较好,照度集中,适用于顶棚较高的场所,如教室、办公室、设计室;吊线灯适用于住宅、卧室、休息室、小仓库、通用房;吊管、吊链花灯适用于有装饰性要求的房间,如宾馆、餐厅、会议厅、大展厅。

⑥ 地脚灯:主要应用于医院病房、宾馆客房、公共走廊、卧室等场所。地脚灯的主要作用是照亮走廊,以便人员行走。它的优点是避免刺眼的光线,特别是在夜间。地脚灯均暗装在墙内,一般距地面高度 0.2～0.4 m,其光源采用白炽灯,外壳由透明或半透明玻璃或塑料制成,部分还带有金属防护网罩。

⑦ 台灯:主要放在写字台、工作台、阅览桌上,作为书写阅读之用。台灯的种类很多,目前市场上常见的主要有变光调光台灯、荧光台灯等。目前还流行一类装饰性台灯,将其放在装饰架上或电话桌上,能起到很好的装饰效果。台灯一般在设计图上不标出,只在办公桌、工作台旁设置 1～2 个电源插座即可。

⑧ 落地灯:多用于高级客房、宾馆、带茶几沙发的房间以及家庭的床头或书架旁。落地灯有的单独使用,有的与落地式台扇组合使用,还有的与衣架组合使用,在需要局部照明或装饰照明的空间安装较多。落地灯一般只留电源插座,不在设计图中标出。

⑨ 庭院灯:灯光或灯罩多数向上安装,灯管和灯架多数安装在庭院地坪上,特别适用于公园、街心花园、宾馆、工矿企业、机关、学校的庭院等场所。庭院灯主要有盆圆形庭院灯、玉坛罩庭院灯、花坪柱灯、四叉方罩庭院灯、琥珀庭院灯、花坛柱灯、六角形庭院灯和磨花圆形罩庭院灯。庭院灯有的安装在草坪里,有的依公园道路、树林曲折转弯处设置,有一定的艺术效果。

⑩ 道路/广场灯:主要用于夜间的通行照明。道路灯有高杆球形路灯、高压泵灯路灯、双管荧光灯路灯、高压钠灯路灯、双腰鼓路灯和飘形高压汞灯。广场灯有广场塔灯、碘钨反光灯、圆球柱灯、高压钠柱灯、高压钠投光灯、探照卤钨灯和搪瓷斜照卤钨灯。道路照明一般使用高压钠灯、高压荧光灯等,目的是给车辆、行人提供必要的视觉条件,预防交通事故。广场灯主要用于车站前广场、机场前广场、湘口、码头、公共汽车站广场、立交桥、停车场、集合广场和室外体育场,应根据广场的形状、面积等使用特点来选择。

⑪ 移动式灯:常用于室内外移动性的工作场所以及室外电视、电影的拍摄等场所。移动式灯具主要有探照型特挂灯、文照型有防护网的防水防尘灯、平面灯和移动式投光灯。移动式灯具都有金属或塑料防护网罩。

⑫ 应急照明灯:适用于宾馆、饭店、医院、影剧院、商场、银行、邮电局、地下室、会议室、计算机房、动力站房、人防工事、隧道等公共场所,也可在紧急疏散、安全防灾等重要场所作应急照明用。自动应急照明灯的线路比较先进,性能稳定,安全可靠。当交流电接通时,电源正常供电,应急灯中的蓄电池被缓慢充电;当交流电源因故停电时,应急灯中的自动切换系统将蓄电池电源自动接通,以供光源照明,有的灯具同时放音,发出带有警示性的疏散喊话,为人员安全撤离提示方向。自动应急灯的种类有照明型、放音警

示型、字符图样标志型等,按其安装方式可分为吊灯、壁灯、挂灯、吸顶灯、筒灯、投光灯和转弯警示灯等多种样式。

4)按光源类型,可分为使用自镇流灯泡的灯具、使用钨丝灯的灯具、使用管形荧光灯的灯具、使用气体放电灯的灯具和使用其他光源的灯具。

① 使用自镇流灯泡的灯具:自镇流灯泡是包含灯头和与之结合的光源及光源启动、稳定工作必须的附加元件的器件,它是不能拆卸的。常见的节能灯使用的即是自镇流灯泡。

② 使用钨丝灯的灯具:如普通的台灯、商场货架上用的聚光灯。

③ 使用管形荧光灯的灯具:如常见的荧光护目灯。

④ 使用气体放电灯的灯具:如使用高压钠灯的灯具。

⑤ 使用其他光源的灯具:如使用 LED 发光元件的灯具。

5)按外壳防护等级分类,主要是依据其对异物和水的入侵的防护程度,以 IP××表示器具的防护等级,其中第一个×代表防固体异物等级,第二个×代表防水等级,如表 2.4 所示。

表 2.4 器具的防护等级

防护等级	第一个×	第二个×
0	无防护,即无特殊防护要求	无防护,即无特殊防护要求
1	防止大于 50 mm 的异物进入,即防止大面积的物体进入,如手掌等	防止水滴进入,即垂直下落的水滴应无害
2	防止大于 12 mm 的异物进入,如手指等	防止倾斜 15°的水滴,即灯具在正常位置和倾斜 15°时垂直下落的水滴应无害
3	防止大于 2.5 mm 的异物进入,如工具、导线等	防止洒水进入,即与垂直方向呈 60°夹角处洒下的水应无害
4	防止大于 1.0 mm 的异物进入,如导线、条带等	防止泼水进入,即任意方向对灯具外壳泼水应无害
5	防尘(防止小于 1.0 mm 的异物进入),即不允许过量的尘埃进入而导致设备不能满意工作	防止喷水进入,即任意方向对灯具封闭体喷水应无害
6	尘密(完全防尘),即不准尘埃进入	防海浪进入,即经强力喷水后进入的水量应无害
7	—	防浸水,即以一定压力、时间将灯具浸水后进入的水量应无害
8	—	防潜水,即在规定的条件下灯具能持续淹没在水中而不受损害

6)按防触电保护等级,可分为 0 类灯具、Ⅰ类灯具、Ⅱ类灯具和Ⅲ类灯具。

① 0 类灯具:依靠基本绝缘作为防触电保护的灯具。一旦基本绝缘失效,防触电保护只能依赖周围环境。它一般使用在安全程度高且灯具安装维护方便的场合,如空气干燥处、尘埃少处、木地板条件下的吊灯、吸顶灯。额定电压超过 250 V 的灯具不应划分为 0 类,在恶劣条件下使用的灯具不应划分为 0 类,在轨道安装的灯具不应划分为 0 类。

② Ⅰ类灯具:灯具的防触电保护不仅依靠基本绝缘,还具有附加安全措施,即把易触及的导电部件连接到固定线路中的保护接地导体上,使可触及的导电部件在基本绝缘失效时不致带电。一般用于金属外壳灯具,如投光灯、路灯、庭院灯,以提高安全程度。

③ Ⅱ类灯具:防触电保护不仅依靠基本绝缘,还具有附加安全措施,如双重绝缘或加强绝缘,但没有保护接地的措施或依赖安装条件。其绝缘性好、安全程度高,适用于环境差处、人经常触摸处安装的灯具,如台灯、手提灯。

④ Ⅲ类灯具:所使用电源为安全特低电压(SELV),并且灯具内部电压不会高于SELV。这类灯具的安全程度最高,用于恶劣环境或照明安全要求高的场所,如机床工作灯、儿童用灯。

从电气安全角度看,0 类灯具的安全程度最低,Ⅰ类和Ⅱ类较高,Ⅲ类最高。有些国家已不允许生产 0 类灯具,我国目前尚无此规定。在照明设计时,应综合考虑使用场所的环境操作对象、使用频率、安装和使用位置等因素,选用合适类别的灯具。条件恶劣场所一般情况下可使用Ⅰ类或Ⅱ类灯具。

(5)灯具的选择

灯具类型的选择与使用环境、配光特性有关。在选用灯具时,一般要考虑以下因素。

1)光源。选用的灯具必须与光源的种类和功率完全适应。

2)环境条件。灯具要满足环境条件的要求,以保证安全耐用和有较高的照明效率。例如,在正常环境中,宜选用开启式灯具;在潮湿房间内,宜选用具有防水灯头的灯具;在有腐蚀性气体和蒸汽的场所,宜选用耐腐蚀的密闭式灯具。

3)光分布。要按照对光分布的要求选择灯具,以达到合理利用光通量和降低电能消耗的目的。

4)限制眩光。由于眩光作用与灯具的光强、亮度有关,当悬挂高度一定时,则可根据限制眩光的要求选用合适的灯具形式。

5)经济性。主要考虑照明装置的基建投资和年运行维修费用。

6)艺术效果。因为灯具还具有装饰空间和美化环境的作用,所以应尽可能美观,强调照明的艺术效果。

（6）灯具的布置

灯具的布置包括选择合理规范的灯具悬挂高度和合理的灯具布置方式，两者是相互依赖、不可分割的。

1）灯具的悬挂高度。照明灯具的悬挂高度以不发生眩光作用为限。灯具悬挂过高，不能保证工作面有一定照度，则需要加大电源功率，这样的做法不经济，也不便于维修；灯具悬挂过低，则不安全。因此必须为灯具选择合理规范的悬挂高度。

2）灯具的布置方式。布置灯具需要确定灯具在房间内的空间位置，其对照明质量有重要的影响。光的投射方向、工作面的照度、照明的均匀性、反射眩光和直射眩光、视野内其他表面的亮度分布及工作面上的阴影等，都与照明灯具的布置有直接关系。灯具的布置合理与否还会影响到照明装置的安装功率和照明设施的耗费，并且还影响照明装置的维修和安全。因此，只有合理的灯具布置才能获得良好的照明质量并使照明装置便于维护检修。

灯具的布置方式有均匀布置和选择性布置。

① 均匀布置：灯具之间的距离及行间距离均保持一致。灯具均匀布置时，一般采用正方形、矩形、菱形等形式。布置是否合理主要取决于灯具的间距 L 和计算高度 h（灯具至工作面的距离）的比值是否恰当。L/h 值小，照明的均匀度好，但投资大；L/h 值过大，则不能保证得到规定的均匀度。故 L 实际上可由最有利的 L/h 值来决定。

② 选择性布置：按照最有利的光通量方向及消除工作表面上的阴影等条件来确定每一个灯的位置，是满足局部要求的布置方式，适用于有特殊照明要求的场所。反光会妨碍观察，根据光的反射原理，当观察位置上的视线与仪表水平线的夹角更多地偏离光线的入射角，便可避免这种反射眩光。

采用直射型或半直射型灯具时，灯具的布置应注意避免人员或物体产生阴影。例如，在面积不大的房间，有时也装设 2～4 盏灯具，目的即为了避免产生明显的阴影。在高大的房间布置灯具，可采用顶灯和壁灯相结合的方式，这样既可以节约电能，又能够提高垂直照度。一般房间内还是采用顶灯作为一般照明效果更好，若单纯采用壁灯照明，会使房间内灯光昏暗，影响照明效果。

2. 照明系统的监控

照明线路控制也称为照明回路控制，其主要是对照明回路实现目标控制。

（1）照明控制系统的控制方式

有效的控制方式是实现舒适照明的重要手段，也是节能的有效措施。目前照明控制系统常用的控制方式有跷板开关控制方式、断路器控制方式、定时控制方式、光电感应开关控制方式、智能控制器控制方式等。

1）跷板开关控制方式。这种控制方式即以跷板开关控制一套或几套灯具，在一个房间不同的出入口均需设置开关。这种控制方式接线简单、投资经济，是家庭、办公室等最常用的一种控制方式。

2) 断路器控制方式。这种控制方式即以断路器控制一组灯具,其控制简单、投资小、线路简单。但由于控制的灯具较多,会造成大量灯具同时开关,在节能方面效果很差,很难满足特定环境下的照明要求。

3) 定时控制方式。这种控制方式即以定时控制灯具,是利用 BAS 的接口,通过控制中心来实现的。定时控制方式过于机械化,遇到天气变化或临时更改作息时间,较难适应,必须要改变设定值才能实现有效控制,这样就显得很麻烦。现在的微型计算机定时开关,采用微型计算机控制,智能化程度高、走时精确、操作简单、工作可靠、安装方便,适用于各种电器的自动开关,广泛用于路灯、LED 灯、霓虹灯、广告灯等的照明。

4) 光电感应开关控制方式。这种控制方式即以光电感应开关设定的照度控制灯具。光电感应开关通过测定工作面的照度,并与设定值比较来控制照明开关,这样可以最大限度利用自然光,从而达到节能的目的,也可提供一个不易受季节与外部气候条件影响的相对稳定的视觉环境。通常,越靠近窗户,自然光照度就越高,所以人工照明提供的照度就越低,但合成照度应维持在设计照度值。当日光照明达到 2000 lx 时,人工照明可降低到 100 lx,合成照度则在 500 lx 以上。光电感应开关的控制器内部设有回差控制及输出记忆延时电路,能保证在阴雨天及有短暂光线干扰的环境下正常工作;控制器面板上设有测光调整旋钮,以满足用户在不同场合的需要。现在的光电开关大部分都采用模块化设计,其体积小、造型美观、工作可靠、安装方便、自身功耗低、控制功率大,并具有防雨设计,是一种用途广泛的自动光控节能开关,多用于路灯、广告灯箱、节日彩灯等需要光线控制的场所。

5) 智能控制器控制方式。利用智能化照明控制系统可以根据环境变化、客观要求、用户预定需求等条件而自动采集照明系统中的各种信息,并对所采集的信息进行相应逻辑分析、推理、判断,然后对分析结果按要求的形式存储、显示、传输,进行相应的工作状态信息反馈控制,以达到预期的控制效果。

(2) 智能化照明控制系统

照明系统用电量在建筑中仅次于空调系统,故其控制系统也是建筑设备自动化系统的重要组成部分。随着人类生活水平的提高,照明系统除了满足照度的要求外,还应满足人们对灯光变幻效果(色彩、亮度、照射角度等)及与其他系统(如声响系统)协调的要求。所以,照明控制系统在节能的基础上,还要在生活和工作环境中负责营造富有层次的、变幻的灯光氛围。现代照明控制系统须综合利用计算机技术、通信技术和控制技术,形成智能化照明控制系统。

智能化照明控制系统具有以下特点。

1) 系统集成性。智能化照明控制系统是集计算机技术、计算机网络通信技术、自动控制技术、微电子技术、数据库技术和系统集成技术于一体的现代控制系统。

2)智能化。智能化照明控制系统是具有信息采集、传输、逻辑分析、智能分析推理及反馈控制等智能特征的控制系统。

3)网络化。传统的照明控制系统大部分都是独立的、本地的、局部的系统,不需要利用专门的网络进行连接,而智能照明控制系统可以是大范围的控制系统,需要包括硬件技术和软件技术在内的计算机网络通信技术支持,以进行必要的控制信息交换和通信。

4)使用方便。由于智能化照明控制系统中的各种控制信息可以以图形化的形式显示,所以控制方便、显示直观,并可以利用编程的方法灵活改变照明效果。智能化照明控制系统在体育馆、城市路灯、高速公路、市政照明工程、楼宇、公共场所、大型广告灯牌等大型建筑和公共场所被广泛采用。

(3)智能化照明控制系统的功能

智能化照明控制系统从人工控制、单机控制过渡到整体性控制,从普通开关过渡到智能化信息开关。自此,智能化照明控制系统既可根据环境照度变化自动调整灯光,达到节能的目的,还可预置场景变化,进行自动操作。

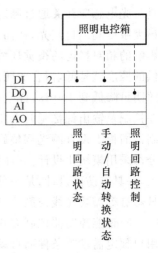

图 2.43　智能化照明控制系统原理图

智能化照明控制系统的监控是通过照明配电箱的各种辅助点进行的,如图 2.43 所示,其主要功能如下。

1)监测照明回路状态及手动/自动转换开关状态。

2)根据不同场所要求,可按照预先设定的时间表自动控制照明回路开关。

当需要对上述功能进行扩展时,可增加各种输入设备,如声控开关、人体感应器等,随时控制灯光的开启,以达到更好的节能效果和安全保障。

2.2.3　给水排水系统及其监控系统

1. 建筑给水

建筑给水的任务是将城镇给水管网(或自备水源给水管网)中的水引入一幢建筑或一个建筑群体,经配水管输送到建筑内部供人们生活、生产和消防之用,并满足用户对各类用水的水质、水量和水压要求。一般情况下,建筑给水系统如图 2.44 所示,由引入管、干管、立管、支管、附件、增压与储水设备等部分组成。

(1)建筑内部给水系统的分类

根据用户对用水的不同要求,建筑内部给水系统按照其用途可分为以下类别。

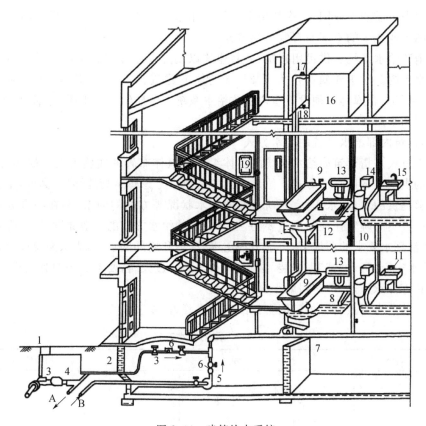

图 2.44　建筑给水系统

1:阀门井;2:引入管;3:闸阀;4:水表;5:水泵;6:止回阀;7:干管;
8:支管;9:浴盆;10:立管;11:水龙头;12:淋浴器;13:洗脸盆;14:大便器;
15:洗涤盆;16:水箱;17:进水管;18:出水管;19:消火栓;
A:出储水池;B:入储水池

1)生活给水系统。供人们在不同场合的饮用、烹饪、盥洗、洗涤、沐浴等日常生活用水的给水系统,其水质必须符合国家规定的生活用水卫生标准。生活给水系统必须满足用水点对水量、水压的要求。根据用水需求的不同,生活给水系统按照给水水质标准不同可再分为生活饮用水给水系统、建筑中水系统等。生活饮用水是指供食品的洗涤、烹饪以及盥洗、沐浴、衣物洗涤、家具擦洗、地面冲洗等的用水。建筑中水系统是指民用建筑物或居住小区内使用后的各种排水,如生活排水、冷却水及雨水等,经过适当处理后,回用于建筑物或居住小区内,作为杂用水的给水系统。回用水主要用来冲洗便器、冲洗汽车、绿化和浇洒道路。

2)生产给水系统。为工业企业生产方面用水所设的给水系统,包括各类不同产品生产过程中所需的工业用水、冷却用水和锅炉用水等。生产用水对水质、水量、水压及安全性随工业要求的不同而有较大的差异。

3)消防给水系统。供民用建筑、公共建筑以及工业企业建筑中的各种消防设备用水的给水系统。对于建筑高度大于 21 m 的住宅建筑、高层公共建筑,建筑面积大于 300 m^2 的厂房、仓库等必须设置室内消防给水系统。消防给水对水质无特殊要求,但要保证水压和水量。

(2)建筑内部给水系统的给水方式

给水方式是指建筑内给水系统的具体组成与具体布置的实施方案。简而言之,建筑内部的供水方案即给水方式。给水方式的选择应考虑建筑物的性质、高度,室外给水管网能够提供的水量、水压,室内所需要的用水状况等方面的因素,并在综合分析后加以选择。方案的确定往往是最重要的,选择合理的给水方式的一般原则是:在保证满足生产、生活用水要求的前提下,力求节约用水;尽量利用外网水压,力求系统简单、经济、合理;给水安全、可靠;施工、安装、维修方便;当静压过大时,要考虑竖向分区给水,以防卫生器具零件承压过大,裂损漏水。

典型的给水方式有室外管网直接给水方式等,详见表 2.5。

表 2.5　典型的给水方式

序号	名称	图示	适用条件
1	室外管网直接给水	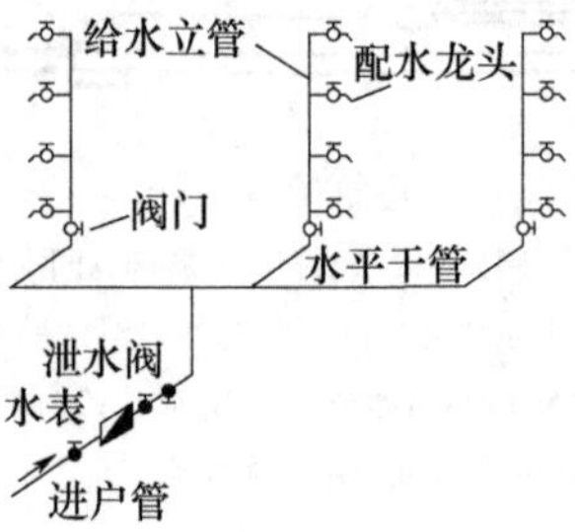	适用于室外给水管网提供的水量、水压在任何时候均能满足建筑用水时
2	水泵加压直接给水	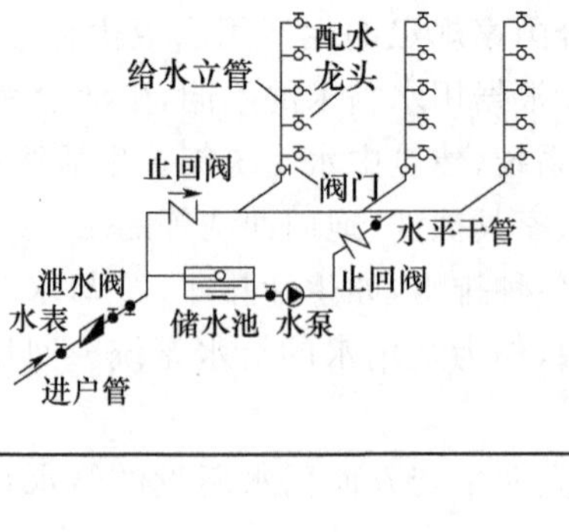	适用于室外给水管网提供的水压经常不足且室外管网允许直接抽水时

续表

序号	名称	图示	适用条件
3	单设水箱的给水方式	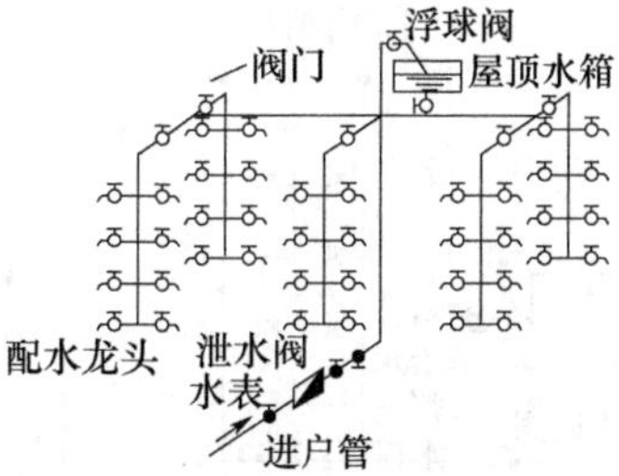	适用于室外给水管网提供的水压仅在用水高峰时段出现不足时；或者为保证建筑内给水系统的良好工况或要求水压稳定,并且该建筑具备设置高位水箱的条件时
4	设水泵和水箱的给水方式	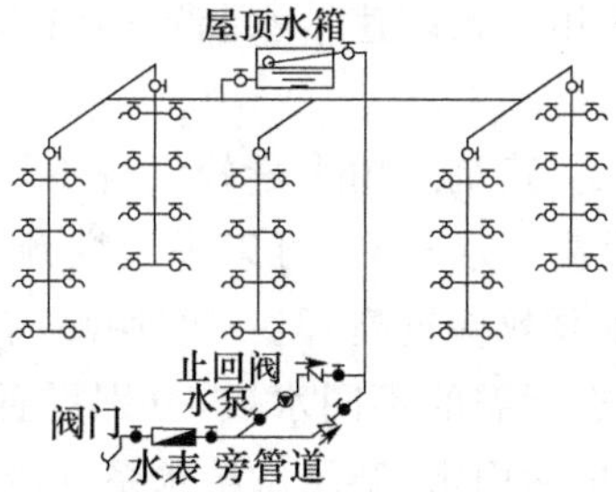	适用于室外给水管网提供的水压经常低于或不满足建筑内给水管网所需的水压,且室内用水不均匀、室外管网允许直接抽水时
5	设储水池、水泵和水箱的给水方式	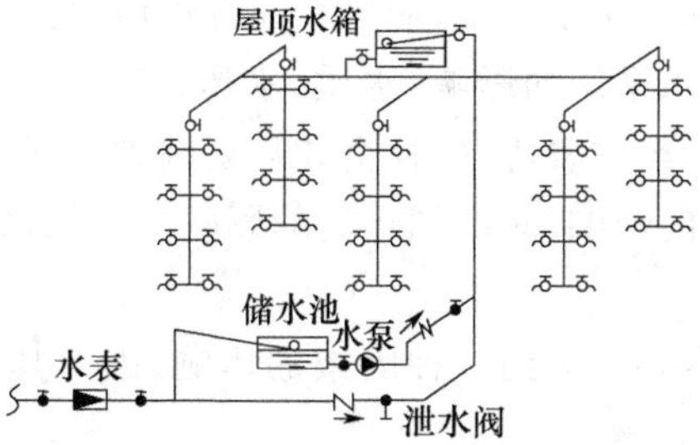	适用于建筑的用水可靠性要求高,室外管网水量、水压经常不足时;或者室外管网不能保证建筑的高峰用水时;或者室内消防设备要求储备一定容积的消防水量时
6	气压给水装置的给水方式	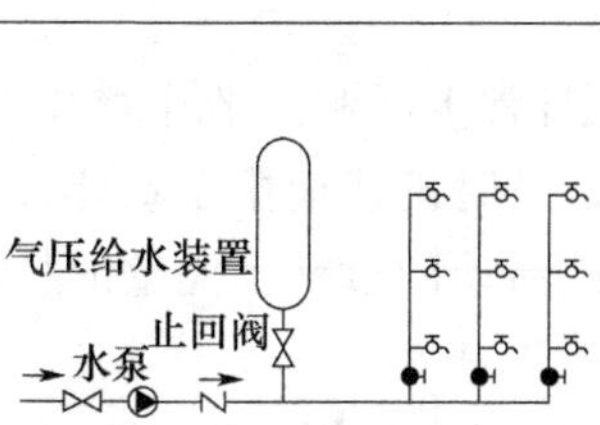	适用于室外给水管网提供的水压低于或经常不能满足室内给水管网所需水压,室内用水不均匀,且不宜设置高位水箱时

续表

序号	名称	图示	适用条件
7	分区给水方式	屋顶水箱 止回阀 储水池 水泵 室外给水管网水压线 阀门 水表 泄水阀 止回阀	若室外给水管网提供水压只能满足建筑下层的给水要求,为了节约能源,有效利用外网的水压,可采用分区给水方式

除以上的给水方式外,还有采用变频调速给水装置的给水方式和分质给水系统的给水方式。

当室外给水管网水压经常不足,建筑内用水量较大且不均匀,要求可靠性较高、水压恒定时;或者建筑屋顶都不宜设高位水箱时,可以采用变频调速给水装置进行给水。这种给水方式可省去屋顶水箱,水泵效率较高,但一次性投资较大。

分质给水方式即根据不同用途所需的不同水质,分别设置独立的给水系统。饮用水给水系统供饮用、烹饪、盥洗等生活用水;杂用水给水系统给水水质较差,只能用于建筑内冲洗便器、绿化、洗车、扫除等。

在实际工程中确定较合理的给水方案,应当全面分析该项工程所涉及的各项因素。其中,技术因素包括对城市给水系统的影响,水质、水压、给水的可靠性,节水节能效果等;经济因素包括基建投资、年经常费用等;社会和环境因素包括对建筑立面的影响、结构和基础的影响、对占地面积的影响、对周围环境的影响等。给水方案应进行综合评定后,再最终确定。

有些建筑确定给水方式需要考虑到多种因素的影响,因此其往往由两种或两种以上的给水方式适当组合而成。

2. 建筑排水

建筑排水是将建筑内部人们在日常生活和工业生产中产生的污(废)水、降落在建筑屋面的雨水和融积雪水收集起来,及时迅速地排至室外,以避免室内冒水或屋面漏水影响室内环境卫生及人们生活、生产活动的过程。完整的排水系统如图 2.45 所示。

(1)建筑排水系统的分类

建筑排水系统的任务是及时、迅速地排除居住建筑、公共建筑和生产建筑内的污(废)水。按照污(废)水的来源,建筑排水系统的分类如下。

1)生活排水系统。排除人们日常生活中所产生的洗涤污水和粪便污水等。粪便污水为生活污水;盥洗、洗涤等排水为生活废水。

2)生产排水系统。生产废水为工业建筑中
污染较轻,或经过简单处理后可循环或重复使用
的废水;生产污水为生产过程中被化学杂质(有
机物、重金属离子、酸、碱等)或机械杂质(悬浮物
及胶体物)污染较重的污水。

3)屋面雨水排水系统。排除屋面雨水和融化
的雪水。建筑物屋面雨水排水系统应单独设置。

（2）建筑排水系统的选择

选择建筑内部排水方式时,要综合考虑污
（废）水的性质、受污染程度、室外排水系统体制
以及污（废）水的综合利用和处置情况等因素。
例如,建筑小区有中水工程时,建筑内部排水体
制应采用分流制,以利于中水处理及综合利用;

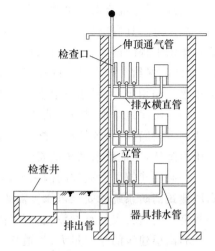

图 2.45　建筑排水系统

工业冷却水与生产污水需要采用分流制,以利于后续中水处理;而含有大量固体杂
质的污（废）水、浓度较大的酸或碱性污（废）水及含有毒物或油脂的污（废）水,需要
设置独立的排水系统,且要达到国家规定的污（废）水排放标准后才允许排入市政排
水管网。

3. 高层建筑的给水排水

目前,关于高层建筑的划分国际上尚无统一的标准,各国根据本国的经济条件和消
防装备情况,规定了本国高层建筑的划分标准。我国规定,对于民用建筑,10 层及 10
层以上的住宅和建筑高度超过 24 m 的其他民用建筑称为高层建筑;对于工业建筑,2
层及 2 层以上建筑高度超过 24 m 的厂房称为高层建筑,而建筑高度超过 24 m 的单层
厂房不属于高层建筑。

建筑高度是指建筑物室外地面到其檐口或女儿墙的高度。屋顶的峰望塔和水箱
间、电梯机房和楼梯出口间等不计入建筑高度和层数内。住宅的地下室、半地下室的顶
板高出室外地面不超过 1.5 m 者,不计入层数内。

我国高、低层建筑的界限是根据市政消防能力划分的。由于目前我国登高消防车
的工作高度约为 24 m,大多数通用的普通消防车直接从室外消防管道或消防水池抽水
扑救火灾的最大高度也约为 24 m,故以 24 m 作为高层建筑的起始高度。住宅建筑由
于每个单元的防火分区面积不大,有较好的防火分隔,火灾发生时火势蔓延扩大受到一
定限制,危害性较小;同时住宅建筑在高层建筑中所占比例较大,若防火标准提高将增
加工程总投资。因此高层住宅建筑的起始线与公共建筑略有区别,以 10 层及 10 层以
上的住宅(包括首层设置商业服务网点的住宅)为高层建筑。

(1)高层建筑给水排水的特点

高层建筑具有层数多、高度高、振动源多、用水要求高、排水量大等特点,这对建筑给水排水工程的设计、施工、材料及管理都提出了较高的要求。必须采取相应的技术措施,才能确保给水排水系统的良好工况,满足各类高层建筑的功能要求。与一般建筑给水排水工程相比,高层建筑给水排水工程具有以下特点。

1)高层建筑给水、热水、消防系统静水的压力大,如果只采用一个区域给水,不仅影响使用,而且容易导致管道及配件损坏。因此,其给水必须进行合理的竖向分区,使静水压力降低,保证给水系统的安全运行。

2)高层建筑引发火灾的因素多,火势蔓延速度快,火灾危险性大,扑救困难。因此,高层建筑消防系统的安全可靠度需要比普通建筑高。目前我国消防设备的作用有限,扑救高层建筑火灾的难度较大,所以高层建筑的消防系统应立足于自救。

3)高层建筑的排水量大、管道长,且管道中压力波动较大。为了提高排水系统的排水能力,稳定管道中的压力,保护水封不被破坏,高层建筑的排水系统应设置通气管系统或采用新型的单立管排水系统。另外,高层建筑的排水管道应采用机械强度较高的管道材料,并采用柔性接口。

4)高层建筑的给水排水设备使用人数多,瞬时的给水量和排水量大,一旦发生停水或排水管道堵塞事故,影响范围会很大。因此,高层建筑必须采取有效的技术措施,保证给水安全可靠、排水通畅。

5)高层建筑的动力设备多、管线长,易产生振动和噪声。因此,高层建筑的给水排水系统必须考虑设备和管道的防振动和防噪声技术措施。

(2)高层建筑的给水方式

如今,高层建筑的给水排水技术已日趋成熟,但也存在着许多尚需解决的问题,具体有以下方面:节水、节能的给水排水设备及附件的开发与应用;新型减压、稳压设备的研制与应用;安全可靠、经济实用、运行管理方便的给水技术与方式的研究和推广;高层建筑消防技术与自动控制技术;提高排水系统过水能力,稳定排水系统压力的技术措施;低成本、高效能的新型管道材料的开发与应用;热效率高、体积小的热水加热设备的研制与应用。

高层建筑如果采用同一给水系统,使得底层管道中静水压力过大,则会带来以下弊端:需采用耐高压管材、配件及卫生器具,使得工程造价增加;开启阀门或水龙头时,管网中易产生水锤现象;底层水龙头开启后,由于压力过高,使出水流量增加,造成水流喷溅,影响正常使用;顶层水龙头可能产生负压抽吸现象,形成回流,导致污染。

为了克服上述弊端,保证建筑给水的安全可靠性,高层建筑给水系统应采取竖向分区给水,即沿建筑物的垂直方向,依序合理地将其划分为若干个给水区,而每个给水区都有完整的给水系统。确定竖向给水分区是高层建筑整个给水系统设计的首要任务和基础环节。竖向分区的合理与否,直接关系着给水系统的运行、使用、维护、管理、投资节能的情况和效果。竖向分区的各分区最低卫生器具配水点处静水压力不宜大于 0.45 MPa,特殊情况下不宜大于 0.55 MPa;分区范围内,一般住宅、旅馆、医院的静水压力宜为 0.30~0.35 MPa,办公楼宜为 0.35~0.45 MPa。下面介绍几种高层建筑常采用的给水方式。

1)高位水箱给水方式。高位水箱给水方式又可分为高位水箱串联给水方式、高位水箱并联给水方式、减压水箱给水方式和减压阀给水方式等。

① 高位水箱串联给水方式:水泵分散设置在各分区,楼层中各分区的水箱兼做上一分区的水池,如图 2.46 所示。这种给水方式的优点是无高压水泵和高压管线,运行经济。它的缺点是水泵分散设置在各分区,分区水箱所占建筑面积较大;水泵设在各楼层,防振隔声要求高;水泵分散,维护管理不便;若下区发生事故,上区供水会受到影响,供水可靠性差。

② 高位水箱并联给水方式:在各分区独立设置水泵和水箱,各分区水泵集中布置在建筑底层或地下室,分别向各分区给水,如图 2.47 所示。这种给水方式的优点是各分区给水系统独立,互不影响,某分区发生事故不会影响全局,给水安全可靠;水泵集中布置,管理维护方便,运行费用低。它的缺点是水泵台数多,水泵口压力高,管线长,设备费用会增加;分区水箱占用建筑面积较大且分散,会减少建筑的使用面积,影响经济效益。

图 2.46　高位水箱串联给水方式

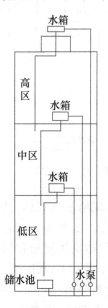

图 2.47　高位水箱并联给水方式

③ 减压水箱给水方式:整栋建筑内的用水全部由设在底层的水泵一次提升至屋顶总水箱,然后再分送至各分区水箱,分区水箱起减压作用,如图 2.48 所示。这种给水方式的

优点是水泵数量少,设备费用较低,管理维护方便;水泵房面积小,各分区减压水箱调节容积小。它的缺点是水泵运行费用高,屋顶总水箱容积大,对建筑的结构和抗振不利;水泵或水泵出水管如发生故障,将影响整个建筑用水,安全可靠性较差;建筑高度较高、分区较多时,各分区减压水箱浮球阀承受压力大,易造成关闭不严,可能需要经常维修。

④ 减压阀给水方式:整栋建筑内的用水全部由设在底层的水泵提升至屋顶总水箱,再通过各分区减压阀依次向下给水,如图 2.49 所示。这种给水方式的优点是水泵数量少,占地面积小,且集中布置,便于维护管理;管线布置简单,投资少。它的缺点是各分区用水均需提升至屋顶总水箱,水箱容积大,对建筑结构和抗振不利,同时也会增加电耗;给水不够安全,水泵或屋顶水箱输水管、出水管的局部故障都将影响各分区给水。

图 2.48　减压水箱给水方式

图 2.49　减压阀给水方式

2)气压水罐给水方式。气压水罐给水方式主要包括气压罐并联给水方式和气压罐减压阀给水方式,如图 2.50 和图 2.51 所示。气压水罐给水方式的优点是无须设置高位水箱,不占用建筑楼层面积,设置位置灵活;它的缺点是水泵启闭频繁,运行费用较高;气压水罐储水量小,水压变化幅度大,罐内起始压力高于管网所需的设计压力会产生给水压力过高等弊端。该方式可以配合其他给水方式,局部使用在高层建筑中最高楼层的消防给水系统,以解决压力不足的问题。

3)变频调速泵给水方式。采取变频调速泵给水方式时,屋顶无须设置高位水箱,地下室需要设置变频调速泵,根据给水系统中用水量变化情况自动改变电动机的频率,以改变水泵的转数,继而改变水泵的出水量,如图 2.52 所示。这种给水方式的优点是水泵会经常在较高效率下运行;省去高位水箱,提高了建筑面积的利用率。它的缺点是变频水泵及控制设备价格较高,且维修复杂。

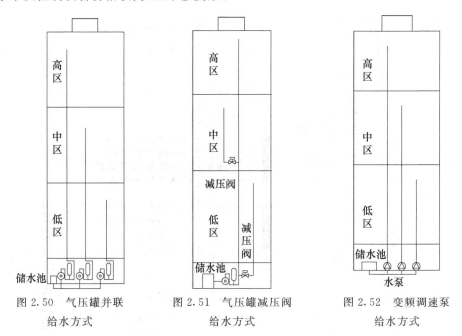

图 2.50　气压罐并联　　　　图 2.51　气压罐减压阀　　　　图 2.52　变频调速泵
　　　给水方式　　　　　　　　　给水方式　　　　　　　　　给水方式

4. 给水排水系统的监控

（1）生活给水监控系统

在智能建筑中,生活给水中的水泵直接给水方式采用变频调速技术控制供需水量平衡,自带控制功能完备的直接数字控制器（DDC）监控系统（具有与外界通信的接口）或可编程序控制器（PLC）变频器控制系统。在楼宇自动化系统中,对于气压水罐给水方式和减压水箱给水方式,通常直接通过电力配电箱进行监控,或利用自带的 DDC 监控系统的通信接口与本系统的监控系统或 BAS 进行系统集成。通过电力配电箱进行监控比较简单,但不能有效监控内部运行的关键参数;通过系统集成可解决上述不足之处,但集成费用过高且集成技术较复杂。

在高、低位水箱给水方式中,应根据实际情况确定高、低位水箱的容量、数量,给水水泵的量程、功能及流量等参数,其监控系统须根据给水要求进行设计、现场安装和调试等。图 2.53 是高、低位水箱给水监控系统原理图。在高、低位水箱给水方式中,低位水箱（或储水池）由室外城市给水管网给水,高位水箱（或储水池）由给水水泵给水,其监控系统的功能包括:监控低位水箱和高位水箱的水位,保证生活用水和消防用水的最低水位;当水位低于消防最低水位或高出溢出水位时,进行报警;监控给水水泵的运行状态,故障时进行报警;优化水泵运行,统计各水泵的运行时间,必要时编制维修和保养报告。

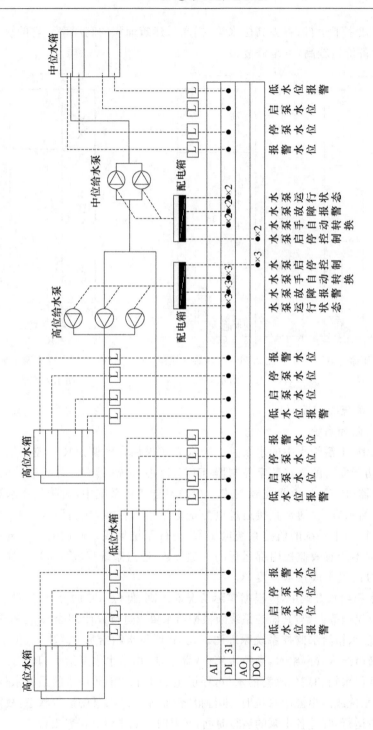

图 2.53　高、低位水箱给水箱监控系统原理图

（2）生活排水监控系统

智能化建筑的卫生条件要求较高,其排水系统必须通畅,以保证水封不受破坏。有的建筑采用粪便污水与生活废水分流,避免水流干扰,以改善卫生条件。智能化建筑一般都建有地下室,有的深入地下 2～3 层或更深些,地下室的污水常不能以重力排除。在此情况下,污水常集中于污水池,需要用排水泵将污水提升至室外排水管中。污水泵应为自动控制,以保证排水安全。智能化建筑排水监控系统的监控对象为集水池和排水泵,其监控功能包括:污水池和废水集水池水位监测及超限报警;根据污水池和废水集水池的水位,控制排水泵的启泵或停泵;当集水池的水位达到高限时,连锁启动相应的水泵,直到水位降至低限时连锁停泵;实现对排水泵运行状态的监测,发生故障时报警。

排水监控系统通常由水位开关和 DDC 组成,如图 2.54 所示。

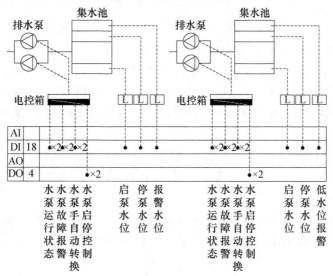

图 2.54 　排水监控系统原理图

2.2.4 　暖通空调系统及其监控系统

1. 空调与冷（热）源系统

空气调节简称空调,是采用一定技术手段,把某一特定空间内部的空气环境控制在一定状态下,以满足人体舒适和工艺生产要求的过程。它所控制的内容包括空气的温度、湿度、流动速度及清洁度等,现代技术发展有时还要求对空气的压力、成分、气味及噪声等进行调节与控制。所以,采用技术手段创造并保持满足一定要求的空气环境,是空气调节的任务[12]。

(1)空调系统的组成

完整的空调系统如图 2.55 所示,通常由以下部分组成。

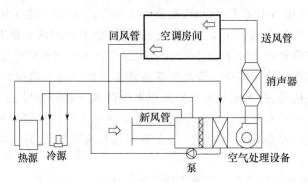

图 2.55　空调系统原理图

1)空调房间。安装空调的房间可以是封闭式的,也可以是敞开式的;可以由一个房间或多个房间组成,也可以是一个房间的一部分。

2)空气处理设备。空气处理设备是由过滤器、表面式空气冷却器、空气加热器、空气加湿器等空气热湿处理和净化设备组合在一起的,是空调系统的核心。室内空气与室外新鲜空气被送到这里,进行热湿处理与净化,达到规定的温度、湿度等空气状态参数后再被送回室内。

3)空气输配系统。空气输配系统由送风机、送风管道、送风口、回风口、回风管道等组成。它可以把经过处理的空气送至空调房间,将室内的空气送至空气处理设备进行处理或排出室外。

4)冷(热)源。空气处理设备的冷源和热源。夏季降温用冷源,一般采用制冷机组,在有条件的地方也可用深井水作为自然冷源;冬季加热用热源,可以是蒸汽锅炉、热水锅炉、热泵。

(2)常用空调系统简介

1)一次回风系统。一次回风系统属于典型的集中式空调系统,也属于典型的全空气系统。

① 工作原理:将室外新风与室内回风进行混合,混合后的空气经过处理后,经风道输送到空调房间。这种空调系统的空气处理设备集中放置在空调机房内,房间内的空调负荷全部由输送到室内的空气负担。空气处理设备处理的空气一部分来自于室外(这部分空气称为新风),另一部分来自于室内(这部分空气称为回风),所谓一次回风是指回风和新风在空气处理设备中只混合一次。

② 系统的应用:一次回风系统具有集中式空调系统和全空气系统的特点,适用于空调面积大,各房间室内空调参数相近,各房间的使用时间也较一致的场合。会馆、影

剧院、商场、体育馆、旅馆大堂、旅馆餐厅、音乐厅等很多公共建筑场所广泛地采用这种系统。根据空调系统所服务的建筑物情况,有时需要划分成几个系统。建筑物中朝向、层次、位置相近的房间可划分在一个空调系统,以便于管路的布置、安装和管理;工作班次和运行时间相同的房间可划分在一个空调系统,以便于运行管理和节能;对于体育馆、纺织车间等空调风量特别大的地方,为了减少和建筑物配合的矛盾,可根据具体情况划分成几个系统。商场空调经常采用集中式全空气系统,如图 2.56 所示。采用这种方式是因为空调处理设备放置在机房内,使得其运转、维修方便,并能对空气进行过滤,减少振动和噪声的传播。但集中式全空气系统的机房占用面积一般较大。

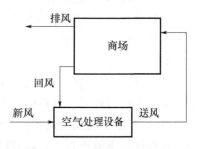

图 2.56　商场空调最常用的集中式全空气系统原理图

2)风机盘管加新风空调系统。风机盘管加新风空调系统属于半集中式空调系统,也属于空气-水系统,它由风机盘管机组和新风系统组成。

① 工作原理:风机盘管设置在空调系统内作为系统的末端装置,将流过机组盘管的室内循环空气冷却、加热后送入室内;新风系统的作用是给房间补充一定的新鲜空气,以保证人体健康和卫生要求。通常,室外新风经过处理后送入空调房间,其新风供给方式有:靠渗入室外新鲜空气补给新风,这种方式比较经济,但是室内的卫生条件会较差;靠墙洞引入新风直接进入机组,这种方式常用于要求不高或旧建筑中增设空调的场合;靠独立新风系统,由设置在空调机房的空气处理设备把新风集中处理后送入室内,新风一般单独接入室内,如图 2.57 所示。

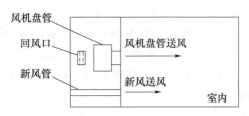

图 2.57　新风与风机盘管送风各自送入室内

② 系统的应用:目前这种系统已广泛应用于宾馆、办公楼、公寓等商用或民用建筑。大型办公楼(建筑面积超过 10000 m²)的周边区往往采用轻质幕墙结构,由于其热容量较小,室内温度随室外空气温度变化而波动较为明显,所以空调外区一般冬季需要供暖,夏季需要供冷;空调内区由于不受室外空气和日照的直接影响,其室内负荷主要是人体、照明和设备发热,全年基本均为冷负荷且负荷变化较小,为了满足人体需要,新风量应较大。针对负荷特点,空调内区可以采用全空气系统或全新风系统,外区可以采用风机盘管空调

系统。中小型办公楼由于建筑面积较小或平面形状呈长条形,通常不分内外区,可以采用风机盘管加新风空调系统。客房空调一般多采用风机盘管加新风空调系统的典型方式。

(3)空气的基本处理方法

空调系统通过使用各种设备及技术手段,使空气的温度、湿度等参数发生变化,最终达到要求状态。对空气的主要处理过程包括热湿处理和净化处理,其中热湿处理是最基本的处理方式。

最简单的空气热湿处理过程可分为加热、降温、加湿、除湿。所有实际的空气处理过程都是上述各种单一过程的组合,如夏季最常用的冷却去湿过程就是除湿与降温过程的组合,喷水室内的等焓加湿过程就是加湿与降温的组合。在实际空气处理过程中,有些过程往往不能单独实现,如降温时常伴随着除湿或加湿。

单纯的加热过程是容易实现的,其主要的实现途径是用表面式空气加热器或电加热器加热空气。如果用温度高于空气温度的水喷淋空气,则会在加热空气的同时使空气湿度升高。

采用表面式空气冷却器或温度低于空气温度的水喷淋空气都可使空气温度下降。如果表面式空气冷却器的表面温度高于空气的露点温度,或喷淋水的温度等于空气的露点温度,则可实现单纯的降温过程。如果表面式空气冷却器的表面温度或喷淋水的温度低于空气的露点温度,则空气会实现冷却去湿过程;如果喷淋水的温度高于空气的露点温度,则空气会实现冷却加湿过程。

单纯的加湿过程可通过向空气加入干蒸汽来实现。直接向空气喷入水雾可实现等焓加湿过程。

除了可用表面式空气冷却器对空气进行除湿处理外,还可以使用液体或固体吸湿剂进行除湿。液体吸湿是利用某些盐类水溶液对空气中水蒸气的强吸收作用,对空气进行除湿,其方法是根据空气处理过程的不同要求(降温、加热或等温),用一定浓度和温度的盐溶液喷淋空气。固体吸湿剂是利用有大量孔隙的固体吸附剂(如硅胶)对空气中水蒸气的表面吸附作用来除湿的,但在吸附过程中固体吸附剂会放出一定的热量,所以空气在除湿过程中温度会升高。

(4)组合式空调机组

组合式空调机组也称为组合式空调器,是将各种空气热湿处理设备和风机、阀门等组合成一个整体的箱式设备。箱内的各种设备可以根据空调系统的组合顺序排列在一起,能够实现各种空气的处理功能。组合式空调机组可选用定型产品,也可自行设计。图 2.58 所示是一种组合式空调机组。

(5)局部空调机组

局部空调机组属于直接蒸发冷式空调机组,它是一种由制冷系统、通风机、空气过滤器等组成的空气处理机组。

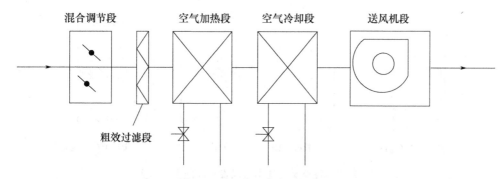

图 2.58　一种组合式空调机组

根据结构形式,局部空调机组可分为整体式、分体式和组合式。整体式局部空调机组是将制冷系统、通风机、空气过滤器等组合在一个整体机组内的机组,如窗式空调器。分体式局部空调机组是将压缩机和冷凝器及冷却冷凝器的风机组成室外机组,蒸发器和送风机组成室内机组,两部分独立安装的机组,如家用壁挂式空调器。组合式局部空调机组是压缩机和冷凝器组成压缩冷凝机组,蒸发器、送风机、加热器、加湿器、空气过滤器等组成空调机组,两部分可以装在同一房间内,也可以分别装在不同房间内的机组。相对于集中式空调系统而言,局部空调机组的优点是投资低、设备结构紧凑、体积小、占机房面积小、安装方便;缺点是设备噪声较大,对建筑物外观有一定影响。

局部空调机组不带风管,如需接风管,用户可自行选配。局部空调机组一般无防振要求,可直接放在一般地面上或混凝土基础上;当有防振要求时,要做防振基础,或利用橡胶垫、弹簧减振器等减振。若机组安装在楼板上,则楼板荷重不应低于机组荷重。

(6)空调机房

空调机房是放置集中式空调系统或半集中式空调系统的空气处理设备及送风、回风机的房间。

1)空调机房的位置。空调机房应尽量设置在负荷中心,其目的是缩短送风、回风管道,降低空气输送的能耗,减少风道占据的空间。但空调机房不应靠近有低噪声要求的房间,如广播电视房间、录音棚等。空调机房最好设置在地下室,而一般的办公室、宾馆的空调机房可以分散在各楼层上。

高层建筑的集中式空调机房宜设置在设备技术层,以便集中管理。低于 20 层的高层建筑宜在上部或下部设置一个技术层;如果建筑物上部为办公室或客房,下部为商场或餐厅,则技术层最好设在地下室。20～30 层的高层建筑宜在上部和下部各设置一个技术层,如在顶层和地下室各设一个技术层。30 层以上的高层建筑,其中部还应增设 1～2 个技术层,以避免送风、回风干管过长、过粗而占据过多空间,避免增加风机电耗。图 2.59 是各类建筑物技术层或设备间的大致位置(用阴影部分表示)。

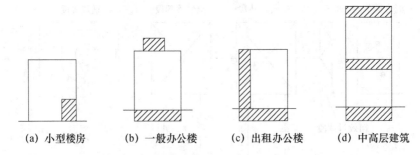

(a) 小型楼房　　　(b) 一般办公楼　　　(c) 出租办公楼　　　(d) 中高层建筑

图 2.59　各类建筑技术层或设备间的大致位置

空调机房的划分应不穿越防火分区,所以大中型建筑应在每个防火分区内设置空调机房,最好能设置在防火区的中心位置。如果在高层建筑中使用带新风的风机盘管等空气-水系统,应在每层或每几层(一般不超过 5 层)设一个新风机组。当新风量较小而房屋空间较大时,也可把新风机组悬挂在天花板内。各层空调机房最好能在垂直方向上的同一位置布置,这样可缩短冷、热水管的长度,减少管道交叉,节省投资和能耗。各层空调机房的位置应考虑风管的作用半径,使其不要过大,一般在 30～40 m 为宜。一个空调系统的服务面积不宜大于 500 m^2。

2)空调机房的面积。空调机房的面积与采用的空调方式、系统的风量大小、空气处理的要求等有关,也与空调机房内放置设备的数量和每台设备的占地面积有关。一般的全空气集中式空调系统,在空气参数要求严格或有净化要求时,空调机房面积应为空调面积的 10%～20%;舒适型空调和一般降温空调系统,空调机房面积为空调面积的 5%～10%;仅处理新风的空气-水系统,新风机房面积为空调面积的 1%～2%。如果空调机房、通风机房和冷冻机房统一估算,其总面积应为总建筑面积的 3%～7%。

一般空调机房的高度净高为 4.0～6.0 m。对于总建筑面积小于 3000 m^2 的建筑物,空调机房净高为 4.0 m;总建筑面积在 3000～20000 m^2 的建筑物,空调机房净高为 4.5 m;对于总建筑面积超过 20000 m^2 的建筑物,其集中空调的大机房净高应为 6.0～7.0 m,而分层机房则为标准层的高度,即 2.7～3.0 m。

3)空调机房的结构。空调设备安装在楼板或屋顶上时,结构的承重应按设备重量和基础尺寸计算,还应包括设备中充注的水或制冷剂的重量及保温材料的重量等。对于一般常用的系统,空调机房的荷载为 500～600 kg/m^3,而屋顶机组的荷载应根据机组的大小而定。

空调机房与其他房间的隔墙以 240 墙为宜,机房的门应采用隔声门,机房内墙表面应粘贴吸声材料。空调机房的门和拆装设备的通道应能顺利地运入最大设备构件,如构件不能从门运入,则应预留安装孔洞和通道,并考虑拆换的可能。空调机房应有非正立面的外墙,以便设置新风口让新风进入空调系统;如果空调机房位于地下室或大型建筑的内区,则应有足够断面的新风竖井或新风通道。

4)空调机房内的布置。大型机房应设单独的管理人员值班室,值班室应设在便于观察机房的位置,自动控制屏宜放在值班室。机房最好有单独的出入口,以防止人员噪声传入空调房间。经常操作的操作面间宜有不小于 1 m 的净距离,需要检修的设备旁要有不少于 0.7 m 的检修距离。经常调节的阀门应设置在便于操纵的位置,需要检修的地点应设置检修照明。风管布置应尽量避免交叉,以降低空调机房与顶棚的高度。放在顶棚内的阀门等需要操作的部件,如顶棚不能上人,则需要在阀门附近预留检查孔,以便在顶棚下操作;如顶棚较高能够上人,则应预留孔洞,并在顶棚设置人行通道。

(7)空调水系统

就空调工程整体而言,空调水系统包括冷(热)水系统、冷却水系统和冷凝水系统。空调水系统的作用是以水作为介质,在空调与建筑物之间和建筑物内部传递冷量或热量。正确合理地设计空调水系统是整个空调系统正常运行的重要保证,同时也能有效地防止电能消耗。

冷(热)水系统是由冷水机组(或换热器)制备出的冷水(或热水)的给水系统。其原理是由冷水(或热水)循环泵通过给水管路输送冷水(或热水)至空调末端设备,释放出冷量(或热量)后冷水(或热水)的回水再经回水管路返回冷水机组(或换热器)。对于高层建筑,该系统通常为闭式循环环路,除循环泵外,还设有膨胀水箱、分水器和集水器、自动排气阀、除污器和水过滤器、水量调节阀、控制仪表等。对于冷水水质要求较高的冷水机组,还应设软化水制备装置、补水水箱和补水水泵等。冷却水系统是用于冷却冷水机组冷凝器的水系统,冷却水系统一般由冷却循环水泵、冷却塔、除污器、冷却水管路等组成。冷凝水系统是装设在空调末端用来排出冷凝水的管路系统。

1)冷水系统。制冷的目的在于供给用户使用,向用户供冷的方式有直接供冷和间接供冷。直接供冷是将制冷装置的蒸发器直接置于需冷却的对象处,使低压液态制冷剂直接吸收该对象的热量。采用这种方式供冷的优点是可以省去一些中间设备,故投资和机房占地面积较小,且制冷系数较高;它的缺点是蓄冷能力差,制冷剂渗漏可能性增大。直接供冷适用于中小型系统或低温系统。间接供冷首先利用蒸发器冷却某种载冷剂,然后再将此载冷剂输送到各个用户,使需冷却对象降低温度。这种供冷方式使用灵活、控制方便,特别适合区域性供冷。下面就常用的冷水系统作简要介绍。

① 冷水管道系统为循环水系统,根据用户需要情况不同可分为闭式系统和开式系统,如图 2.60 所示。

开式系统需要设置冷水箱和回水箱,系统水容量大、运行稳定、控制简便。闭式系统与外界空气接触少,可以减少腐蚀现象。闭式系统必须采用壳管式蒸发器,用户侧则应采用表面式换热设备;开式系统则不受这些限制,当采用水箱式蒸发器时,可以用它代替冷水箱或回水箱。

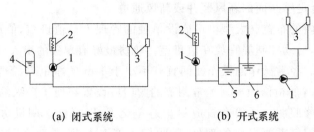

(a) 闭式系统　　　　　　(b) 开式系统

图 2.60　冷水管道系统

1:水泵;2:蒸发器;3:用户;4:膨胀水箱;5:回水箱;6:冷水箱

② 按调节特征,冷水系统可以分为定水量系统和变水量系统。定水量系统中的水流量不变,通过改变供水、回水温度来适应空调房间的冷负荷变化。变水量系统则通过改变水流量来适应冷负荷变化,而供水、回水温度基本不变。由于冷水的循环和输配能耗占整个空调制冷系统能耗的 15% ~20%,而空调负荷需要的冷水量也经常小于设计流量,所以变水量系统具有节能潜力。变水量系统有一级泵系统和二级泵系统两种常用的冷水系统。

图 2.61 所示为一级泵系统示意图,常用的一级泵系统会在供水、回水集管之间设置一根旁通管,以保持冷水机组侧为定流量运行,而用户侧处于变流量运行。目前,由于冷水机组可在减少一定水量的情况下正常运行,所以供水、回水集管之间可不设置旁通管,而整个系统在一定负荷范围内可采用变流量运行,这样可使水泵能耗大大降低。一级泵系统的组成简单、控制容易、运行管理方便,一般采用此种系统较多。

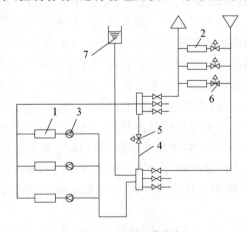

图 2.61　一级泵系统

1:冷水机组;2:空调末端;3:冷水水泵;4:旁通管;

5:旁通调节阀;6:二通调节阀;7:膨胀水箱

图 2.62 所示为二级泵系统示意图,它由两个环路组成。由一次泵、冷水机组和旁通管组成的这段管路称为一次环路;由二次泵、空调末端和旁通管组成的这一段管路称为二次环路。一次环路负责冷水的制备,二次环路负责冷水的输配。这种系统的特点是采用两组泵,冷水机组一次环路定流量运行,用户侧二次环路变流量运行,以解决空调末端设备要求变流量与冷水机组蒸发器要求定流量的矛盾问题。该系统完全可以根据空调负荷需要,通过改变二次水泵的台数或者水泵的转速调节二次环路的循环水量,以降低冷水的输送能耗。可以看出,二级泵系统的最大优点是能够分区、分路供应用户侧所需的冷水,因此适用于大型系统。

2)冷却水系统。合理地选用冷却水源和冷却水系统,对节约制冷系统的运行费和初期投资具有重要意义。为了保证制冷系统的冷凝温度不超过制冷压缩机的允许工作条件,冷却水的进水温度一般应不高于 32 ℃。冷却水系统可分为直流式、混合式和循环式。

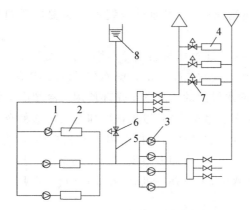

图 2.62 二级泵系统

1:一次泵;2:冷水机组;3:二次泵;4:空调末端;5:旁通管;
6:旁通调节阀;7:二通调节阀;8:膨胀水箱

① 直流式冷却水系统:最简单的冷却水系统,即升温后的冷却回水直接排走,不重复使用。根据当地水质情况,冷却水可为地面水(河水或湖水)、地下水(井水)或城市自来水。由于城市自来水价格较高,只有小型制冷系统采用。直流式冷却水系统中,冷凝器用过的冷却水会直接排入下水道或用于农田灌溉,因此它只适用于水源充足的地区。

② 混合式冷却水系统:采用深井水的直流式给水系统,由于水温较低,一次使用后升温不大。例如,为了保证立式壳管冷凝器有足够好的传热效果,冷却水通过冷凝器以后的温升一般为 3 ℃左右,如果深井水的温度为 18 ℃,采用直流式冷却水系统会将大量 21 ℃的水排掉,这是对自然资源的极大浪费。当然,加大冷却水在冷凝器中的温升

可以大大减少深井水的用量,但这样将使冷凝器的传热
效果变差。因此,为了节约深井水的用量,减少打井的
初投资而又不降低冷凝器的传热效果,常采用混合式冷
却水系统,如图 2.63 所示。混合式冷却水系统会将一
部分已用过的冷却水与深井水混合,然后再用水泵压送
至各台冷凝器使用。这样既不减少通入冷凝器的水量,
又提高了冷却水的温升,可大大节省深井水的消耗量。

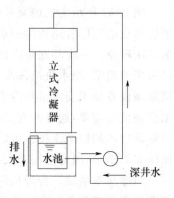

图 2.63　混合式冷却水系统

　　③ 循环式冷却水系统:将来自冷凝器的冷却回水先
通入蒸发式冷却装置,使之冷却降温,再用水泵送回冷
凝器循环使用。循环式冷却水系统大大降低了冷却水
的消耗量。制冷系统中常用的蒸发式冷却装置有两种
类型:一种是自然通风冷却循环系统,另一种是机械通风冷却循环系统。如果蒸发式冷
却装置中冷却水与空气充分接触,水通过该装置后温度可降到比空气的湿球温度高
3.5 ℃。

　　机械通风冷却循环系统通过机械通风冷却塔,将冷凝器的冷却回水由上部喷淋在
冷却塔内的填充层上,以增大水与空气的接触面积,被冷却后的水从填充层流至下部水
池内,通过水泵再送回冷水机组的冷凝器中循环使用。冷却塔顶部装有通风机,使室外
空气以一定流速自下而上通过填充层,以加强冷却效果。这种冷却塔的冷却效率较高、
结构紧凑、适用范围广,并有定型产品可供选用。图 2.64 所示为机械通风冷却循环系
统。机械通风冷却循环系统中,冷却塔根据不同应用情况,可以放置在地面或屋面上,
可以配置或不配置冷却水池,可以是一机对一塔的单元式或者共用式。

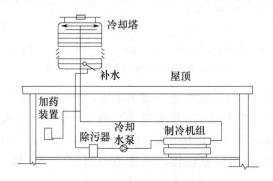

图 2.64　机械通风冷却循环系统

　　3)冷凝水系统。空调冷凝水系统夏季供应冷水的温度较低,当换热器外表面温度
低于与之接触的空气露点温度时,其表面会产生凝结水。这些凝结水汇集在设备的集
水盘中,然后通过冷凝水管路排走。

① 系统形式：一般采用开式重力非满管流。

② 凝水管材料：为避免管道腐蚀，冷凝水管道可采用聚氯乙烯塑料管或镀锌钢管，不宜采用焊接钢管。当采用镀锌钢管时，为防止冷凝水管道表面结露，通常需设置保温层。

③ 冷凝水管道设计要点：冷凝水管必须沿着冷凝水的流向设坡，其支管坡度不宜小于 0.01，干管坡度不宜小于 0.005，且不允许有积水的部位。当冷凝水集水盘位于机组内的负压区时，为避免冷凝水倒吸，集水盘的出水口处必须设置水封，水封的高度应比集水盘处的负压(水柱高)大 50% 左右，水封的出口应与大气相通。冷凝水立管顶部应设计连通大气的透气管。冷凝水管管径应按冷凝水流量和冷凝水管最小坡度确定，一般情况下，每 1 kW 冷负荷的最大冷凝水量可按 0.4～0.8 kg 估算。

2. 空调系统的监控

智能楼宇系统是智能建筑集成系统的重要组成部分，空调自控设备又是智能楼宇系统的核心设备。空调设备本身是智能楼宇系统耗能耗电的大户，且智能建筑中大量电子设备的应用使得智能建筑的空调负荷远远大于传统建筑。

良好的工作环境要求室内温度适宜、湿度恰当、空气清净。楼宇空气环境极为复杂，其中有来自人、设备散热和气候等的干扰，调节过程和执行器固有的非线性和滞后性，各参量和调节过程的动态性，以及楼宇内人员活动的随机性等诸多因素的影响。这样一个复杂的系统，为了节约和高效，必须进行全面管理和实时监控。图 2.65 所示是一个空调监控系统原理图。

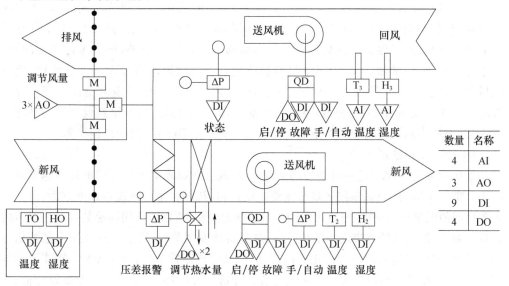

图 2.65　空调监控系统原理图

（1）新风、回风机组的监控

对于新风机组中的空气-水换热器,夏季通入冷水对新风进行降温除湿,冬季通入热水对空气进行加热,其中水蒸气加湿器可用于冬季对新风加湿。回风是为了充分利用能源,冬季利用剩余热量,夏季利用剩余冷气。对新风、回风机组进行监控的要求如下。

1）检测功能。监视风机电动机的运行或停止状态;监测风机出口的空气温度、湿度参数;监测过滤器两侧压差,以了解过滤器是否需要更换;监视风机阀门打开/关闭的状态。

2）控制功能。控制风机的启动或停止;控制空气-水换热器两侧调节阀,使风机出口温度达到设定值;控制水蒸气加湿器阀门,使冬季风机出口空气湿度达到设定值。

3）保护功能。冬季时,当某种原因造成热水温度降低或热水停供时,应停止风机,并关闭风机阀门,以防止机组内温度过低冻裂空气-水换热器;当恢复正常供热时,应启动风机,打开风机阀门,恢复机组正常工作。

4）集中管理功能。智能楼宇各机组附近的 DDC 通过现场总线与相应的中央管理机相连,显示各机组启/停状态;发送送风温度、湿度及各阀门的状态值;发出任意一机组的启/停控制信号;修改送风参数设定值;任意一风机机组工作出现异常时,发出报警信号。

（2）空调机组的监控

空调机组的调节对象是被调区域的温度、湿度,故送入装置的输入信号还包括被调区域内的温度、湿度信号。当被调区域较大时,应安装几组温度、湿度监测点,以各点测量信号的平均值或主要位置的测量值作为反馈信号;当被调区域与空调机组 DDC 安装位置距离较远时,可专设一台智能化的数据采集装置,装于被调区域,将测量信息处理后通过现场总线送至空调 DDC。在控制方式上,一般采用串级调节形式,以防止室内外的热干扰、空调区域的热惯性及各种调节阀门的非线性等因素的影响。对于带有回风的空调机组,除了保证经过处理的空气参数满足舒适性要求外,还要考虑节能问题。由于存在回风,需增加新风、回风空气参数监测点。但回风通道存在较大的惯性,使得回风空气状态不完全等同于室内空气状态,故室内空气参数信号须由设在空调区域的传感器传送。新风、回风混合后,空气流通混乱,温度不均匀,很难得到混合后的平均空气参数,因此不测量混合空气的状态,该状态也不作为 DDC 控制的任何依据。

（3）变风量系统的监控

变风量系统(VAV)是一种新型的空调系统,现已在智能楼宇的空调中得到越来越多应用。带有 VAV 的空调系统各环节需要协调控制,其内容主要体现在以下方面:由于送入各房间的风量是变化的,空调机组的风量将随之变化,所以应采用调速装置对送风机转速进行调节,使送风量与变化风量相适应;送风机速度调节时,需引入送风压力监测信号参与控制,避免各房间内压力出现大的变化,保证装置正常工作;对于 VAV,需要监测各房间风量、温度及风阀位置等信号并经过统一分析处理后,才能给出送风温度设定值;在进行送风量调节的同时,还应调节新风、回风阀,以使各房间有足够的新风。

1)带盘管的变风量末端监控体系。其原理如图 2.66 所示。

2)基于局部操作网(LON)的分布式控制体系。变风量系统的控制具有被控设备分散、控制变量之间相互关联性强的特点。主风道变风量空调机组的变频风机和各个末端分布位置分散,同时各个末端风阀的开度数据是对变频风机进行控制的依据,这就要求采用的控制设备比较智能;设备之间还要有通信能力,且在工程上比较容易实现。基于 LON 的分布式控制体系结构如图 2.67 所示。

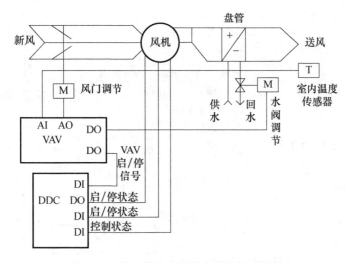

图 2.66　带盘管的变风量末端监控原理图

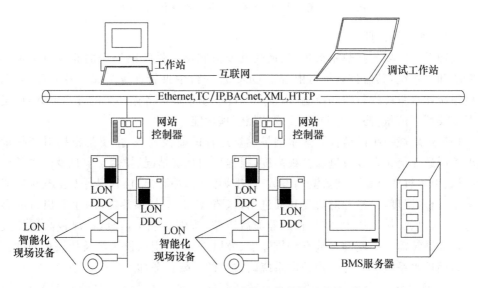

图 2.67　基于 LON 的分布式控制体系结构图

3)基于 LON 的变风量控制体系。根据组合式变风量空调机组的特点,应选择 MN200 型 DDC。该控制器处于 LON 控制网中,通过 LON 网络与变风量末端控制器进行通信,向上通过网络控制器(UNC)与工作站进行数据交换。根据变风量末端的特点,控制器选择 MNL.V2RV2 型变风量末端控制器,该控制器也处于 LON 控制网中,通过 LON 网络可与其他变风量末端控制器及变风量机组控制器进行通信,向上通过 UNC 与工作站进行数据交换,如图 2.68 所示。

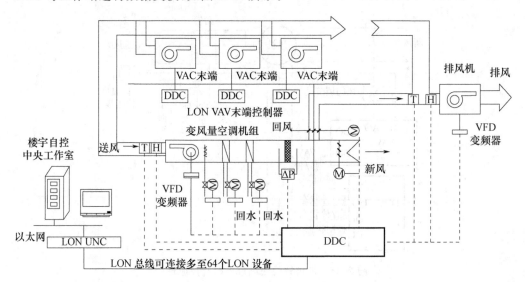

图 2.68 基于 LON 技术的变风量控制体系结构图

(4)暖通系统的监控

暖通系统主要包括热水锅炉房、换热站及供暖网。供暖锅炉房的监控对象包括燃烧系统和水系统,其监控系统可由若干 DDC 及一台中央管理机组成。各 DDC 分别对燃烧系统和水系统进行监测控制,由供暖状况控制锅炉及各循环泵的开启台数,设定给水温度及循环流量,协调各 DDC 完成监控管理功能。

1)锅炉燃烧系统的监控。热水锅炉燃烧过程的监控任务,主要是根据对产热量的要求控制送煤链条速度及进煤挡板高度,根据炉内燃烧情况、排烟含氧量及炉内负压控制鼓风、引风机的风量。其监测的参数有:排烟温度,炉膛出口、省煤器及空气预热器出口温度,给水温度,炉膛和对流受热面进出口、省煤器、空气预热器、除尘器出口的烟气压力,一次风、二次风压力,空气预热器前后压差,排烟含氧量信号,挡煤板高度位置信号。燃烧系统需要控制的参数有炉排速度、鼓风机风量、引风机风量及挡煤板高度。

2)锅炉水系统的监控。锅炉水系统的监控的主要任务如下。

① 保证系统安全运行:主要保证主循环泵的正常工作及补水泵的及时补水,使锅

炉中的循环水不致中断,也不会由于欠压缺水而放空。

② 计量和统计:确定供水和回水温度、循环水量和补水流量,以获得实际供热量和累计补水量等统计信息。

③ 运行工况调整:根据要求改变循环水泵运行台数或改变循环水泵转速,调整循环水量,以适应供暖负荷的变化,节省电能。

(5)冷热源及其水系统的监控

智能化大厦中的冷热源主要包括冷却水、冷冻水及热水制备系统,其监控特点如下[13]。

1)冷却水系统的监控。冷却水系统的主要作用是通过冷却塔、冷却水泵及管道系统向制冷机提供冷水。其监控的目的主要是保证冷却塔风机、冷却水泵安全运行;确保制冷机冷凝器侧有足够的冷却水通过;根据室外气候情况及冷负荷调整冷却水运行工况,使冷却水温度在设定范围内。

2)冷冻水系统的监控。冷冻水系统由冷冻水循环泵通过管道系统,连接冷冻机、蒸发器及用户各种冷水设备组成。其监控的目的是保证冷冻机蒸发器通过足够的水量,以使蒸发器正常工作;向冷冻水用户提供足够的水量,以满足使用要求;在满足使用要求的前提下尽可能降低水泵耗电,实现节能运行。图 2.69 所示为冷源系统监控原理。

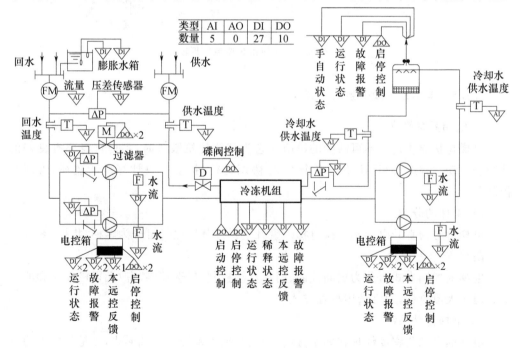

类型	AI	AO	DI	DO
数量	5	0	27	10

图 2.69　冷源系统监控原理图

3)热水制备系统的监控。热水制备系统以换热器作为主要设备,它的作用是产生生活、空调机供暖用热水。其监控的目的是监测水力工况,以保证热水系统的正常循环;控制热交换过程,以保证要求的供热水参数。图 2.70 所示为热交换系统监控原理。

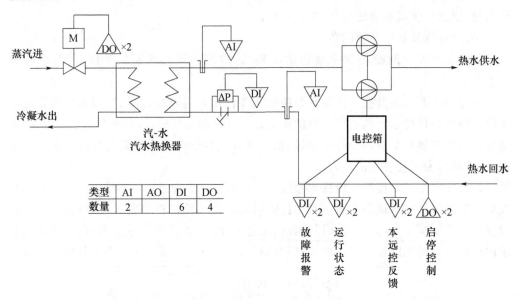

类型	AI	AO	DI	DO
数量	2		6	4

图 2.70　热交换系统监控原理图

2.2.5　电梯系统及其监控系统

1. 电梯系统简介

电梯是智能建筑中不可缺少的设施。它为智能建筑服务时,不但自身要有良好的性能和自动化程度,而且还要与整个 BAS 协调运行,接受中央计算机的监视、管理及控制。

(1)电梯的分类

电梯可分为直升电梯和手扶电梯。直升电梯按其用途又可分为客梯、货梯、客货梯和消防梯等。

电梯的控制方式可分为层间控制、简易自动控制、集选控制、有/无司机控制和群控等。对于大厦电梯,通常选用群控方式。

(2)电梯拖动系统

电梯的自动化程度体现在两个方面:一是其拖动系统的组成形式,二是其操纵的自动化程度。常见的电梯拖动方式如下。

1)双速拖动方式。以交流双速电动机作为动力装置,通过控制系统按时间原则控制电动机的高/低速绕组连接,使电梯在运行的各阶段作相应的速度变化。但是在这种拖动方式下,电梯的运行速度是有级变化的,其舒适感较差,不适合在高层建筑中使用。

2)调压调速拖动方式。由单速电动机驱动,用晶闸管控制送往电动机上的电源电压。由于受晶闸管控制,电动机的速度可按要求规律连续变化,因此乘坐舒适感好,同时拖动系统结构简单。但由于晶闸管调压,主电路三相电压波形严重畸变,不仅影响供电质量,还容易造成电动机严重发热,故不适用于高速电梯。

3)调压调速拖动方式。这种方式又称 VVVF 方式。利用微机控制技术和脉冲调制技术,通过改变曳引电动机电源的频率及电压,使电梯的速度按需变化。由于采用了先进的调速技术和控制装置,因而 VVVF 电梯具有高效、节能、舒适感好、控制系统体积小、动态品质及抗干扰性能优越等一系列优点。这种电梯拖动系统是现代化高层建筑中电梯拖动的理想形式。

(3)电梯操纵自动化

电梯操纵自动化是指电梯对来自轿厢、厅站、井道、机房等的外部控制信号进行自动分析、判断及处理的能力,是其使用性能的重要标志。常见的操纵形式有按钮控制、信号控制和集选控制等。一般高层建筑中的乘客电梯多为操纵自动化程度较高的集选控制电梯。集选的含义是将各楼层厅外的上下召唤、轿厢指令、井道信息等外部信号,综合在一起进行处理,从而使电梯自动地选择运行方向和目的层站,并自动完成启动、运行、减速、平层、开/关门、显示、保护等一系列功能。

例如,集选控制的 VVVF 电梯由于自动化程度要求高,一般都采用以计算机为核心的控制系统。该系统电气控制柜的弱电部分通常为起到运动和操纵控制作用的微型计算机系统或可编程序控制器,强电部分则主要包括整流、逆变半导体及接触器等执行电器。柜内的计算机系统带有通信接口,可以与分布在电梯各处的智能化装置(如各层呼梯装置和轿厢操纵盘等)进行数据通信,组成分布式电梯控制系统,也可以与上位监控管理计算机联网,构成电梯监控网络。

2. 电梯系统的监控

(1)监测内容

1)运行方式监测。包括自动、检修、消防等方式的监测。

2)运行状态监测。包括启动/停止状态、运行方向、所处楼层位置、安全、门锁、急停、开门、关门、关门到位、超载等。通过自动监测的方式,将各状态信息利用 DDC 传入监控系统主机,动态显示各台电梯的实时状态。

3)故障监测。包括电动机、电磁制动器等。各装置出现故障后能自动报警,并显示故障电梯的地点、发生故障时间、故障状态等。

4)紧急状况监测。包括火灾、地震状况监测等。一经发现,立即报警。

（2）多台电梯群控管理

电梯是现代大楼内主要的垂直交通工具。大楼有大量的人流、物流的垂直输送,故要求电梯智能化。在大型智能建筑中,常安装多部电梯,若电梯各自独立运行,则不能提高运行效率。为减少浪费,须根据电梯台数和高峰客流量大小,对电梯的运行进行综合调配和管理,即电梯群控技术。

群控式电梯是将多台电梯编为一组来控制的,可以随着乘客的多少,自动变换运行方式。乘客量少时,自动少开电梯;乘客量多时,则多开电梯。这种电梯的运行方式完全不需要司机操作。所有的探测器通过 DDC 总线连到控制网络,计算机根据各楼层的用户召唤情况、电梯载荷以及由井道探测器所提供的各机位置信息进行分析后,响应用户的呼唤;在出现故障时,根据红外探测器探测是否有人,并进行相应处理。群控式电梯通过对多台电梯的优化控制,使电梯系统具有较高的运行效率,并能及时向乘客通报等待时间,以满足乘客生理和心理要求,实现高效率垂直输送。一般的智能电梯均是多微机群控的,并与维修、消防、公安、电信等部门联网,能够做到节能、确保安全、内部环境优美,实现无人化管理。

发生火灾或地震灾害时,普通电梯应直驶至首层放客,并切断电梯电源;消防电梯由应急电源供电,需在首层待命。接到防盗信号时,电梯应能根据保安要求,自动行驶至规定楼层,并对轿厢门实行监控。

（3）电梯监控系统的组成

专用电梯监控系统是以计算机为核心的智能化监控系统,如图 2.71 所示。电梯监控系统由电梯监控计算机系统、显示器、打印机、远程操作台、通信网络、DDC 等组成。主控计算机通过标准 RS-232 通信接口方式采集各种数据(也同时采用硬件连接方式采集),采用大屏幕高分辨率彩色显示器显示监视的各种状态、数据等画面,并作为实现操作控制的人机界面。电梯的运行状态可由管理人员在监控系统上强行干预,以便根据需要随时启动或停止任何一台电梯。当发生火灾等紧急情况时,消防监控系统及时向电梯监控系统发出报警和控制信号,电梯监控系统主机再向相应的电梯 DDC 装置发出相应的控制信号.使它们进入预定的工作状态。监控人员可在屏幕上通过画面观察到整个电梯的运行状态和几乎全部动态和静态信息。

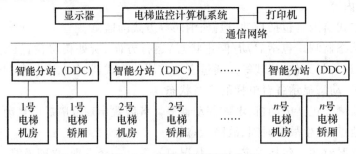

图 2.71　电梯监控系统结构图

参考文献

[1] 雷玉堂.安防视频监控实用技术[M].北京:电子工业出版社,2012.

[2] 张九根,马小军,朱顺兵,等.建筑设备自动化系统设计[M].北京:人民邮电出版社,2003.

[3] 陈虹.楼宇自动化技术与应用[M].北京:机械工业出版社,2005.

[4] 刘化君.综合布线系统(第3版)[M].北京:机械工业出版社,2014.

[5] 许锦标,张振昭.楼宇智能化技术(第3版)[M].北京:机械工业出版社,2010.

[6] 沈晔.楼宇自动化技术与工程(第3版)[M].北京:机械工业出版社,2014.

[7] 孙景芝,韩永学.电气消防(第三版)[M].北京:中国建筑工业出版社,2016.

[8] 梁延东.建筑消防系统[M].北京:中国建筑工业出版社,1997.

[9] 盛建.火灾自动报警消防系统[M].天津:天津大学出版社,1999.

[10] 中国建筑科学研究院,李宏文.火灾自动报警技术与工程实例[M].北京:中国建筑工业出版社,2016.

[11] 吴龙标,方俊,谢启源.火灾探测与信息处理[M].北京:化学工业出版社,2006.

[12] 刘作军,董砚.智能建筑VAV空调系统的节能控制[J].自动化与仪表,2000,(5):35-37.

[13] 李震,肖勇全,于晓明.空调控制系统调试的探讨[J].暖通空调,2005,(4):121-123.

第3章　信息系统雷电防护

3.1　雷电防护分区

需要保护和控制雷电电磁脉冲环境的建筑物,应按以下规定划分为不同的雷电防护区(LPZ),且 LPZ 应符合下列规定。

直击雷非防护区(LPZ0$_A$):受直接雷击和全部雷电电磁场威胁的区域。该区域的内部系统可能受到全部或部分雷电电涌电流的影响。

直击雷防护区(LPZ0$_B$):直接雷击的防护区域,但该区域的威胁仍是全部雷电电磁场。该区域的内部系统可能受到部分雷电电涌电流的影响。

第一防护区(LPZ1):由于边界处分流和附加电涌保护器(SPD)的作用,使电涌电流受到限制的区域。该区域的空间屏蔽可以衰减雷电电磁场。

后续雷电防护区(LPZ2~LPZn):由于边界处分流和附加电涌保护器的作用使电涌电流受到进一步限制的区域。该区域的空间屏蔽可以进一步衰减雷电电磁场。

保护对象应置于电磁特性与该对象耐受能力相兼容的 LPZ 内,如图 3.1 所示。

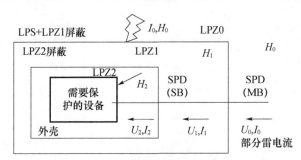

(a) 采用大空间屏蔽和协调配合的电涌保护器件的保护

注: 设备得到良好的防导入电涌的保护, U_2 大大小于 U_0 和 I_2 大大小于 I_0,
以及 H_2 大大小于 H_0 的防辐射磁场的保护。

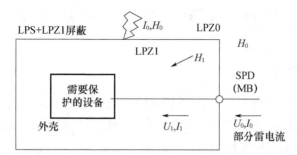

(b) 采用LPZ1的大空间屏蔽和进户处安装电涌保护器件的保护
注：设备得到防导入电涌的保护，U_1大大小于U_0和I_1大大小于I_0，以及H_1
小于H_0防辐射磁场的保护。

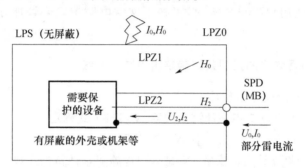

(c) 采用内部线路屏蔽和在进LPZ1处安装电涌保护器件的保护
注：设备得到防线路导入电涌的保护，U_2大大小于U_0和I_2大大小于I_0，
以及H_2小于H_0防辐射磁场的保护。

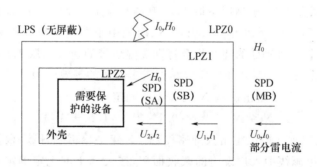

(d) 仅采用协调配合好的电涌保护器件的保护
注：设备得到防线路导入电涌的保护，U_2大大小于U_0和I_2大大小于I_0，但
不需防H_0辐射磁场的保护。

图 3.1　防雷击电磁脉冲

MB：总配电箱；SB：分配电箱；SA：插座

3.2 雷电防护等级划分和雷击风险评估

3.2.1 一般规定

1)建筑物电子信息系统可按下文规定的方法进行雷击风险评估。

2)建筑物电子信息系统可按下文防雷装置的拦截效率或电子信息系统的重要性、使用性质和价值确定雷电防护等级。

3)对于重要的建筑物电子信息系统,宜分别采用下文规定的两种方法进行评估,按其中较高防护等级确定。

4)重点工程或用户提出要求时,可按下文雷电防护风险管理方法确定雷电防护措施。

3.2.2 按防雷装置的拦截效率确定雷电防护等级

1. 建筑物及入户设施年预计雷击次数

(1)建筑物及入户设施年预计雷击次数 N 可按下式确定:

$$N = N_1 + N_2 \tag{3-1}$$

式中:N_1 是建筑物年预计雷击次数;N_2 是入户设施年预计雷击次数。

(2)建筑物年预计雷击次数 N_1 可按下式确定:

$$N_1 = K \times N_g \times A_c \tag{3-2}$$

式中:K 是校正系数,在一般情况下取 1,位于旷野的孤立建筑物取 2,金属屋面的砖木结构建筑物取 1.7,位于河边、湖边、山坡下、山地中土壤电阻率较小处或地下水露头处、土山顶部、山谷风口等处的建筑物及特别潮湿地带的建筑物取 1.5;N_g 是建筑物所处地区雷击大地密度;A_c 是建筑物截收相同雷击次数的等效面积。

(3)入户设施年预计雷击次数 N_2 可按下式确定:

$$N_2 = N_g \times A_c = (0.1 \times T_d) \times (A_{e1} + A_{e2}) \tag{3-3}$$

式中:N_g 是建筑物所处地区雷击大地密度;T_d 是年平均雷暴日数,根据当地气象台站资料确定;A_{e1} 是电源线缆入户设施的截收面积,按表 3.1 的规定确定;A_{e2} 是信号线缆入户设施的截收面积,按表 3.1 的规定确定。

表 3.1 入户设施有效截收面积

线路类型	有效截收面积(km^2)
低压架空电源线缆	$2000 \times L \times 10^{-6}$
高压架空电源线缆(至现场变电所)	$500 \times L \times 10^{-6}$

线路类型	有效截收面积（km²）
低压埋地电源线缆	$2 \times d_s \times L \times 10^{-6}$
高压埋地电源线缆（至现场变电所）	$0.1 \times d_s \times L \times 10^{-6}$
架空信号线缆	$2000 \times L \times 10^{-6}$
埋地信号线缆	$2 \times d_s \times L \times 10^{-6}$
无金属铠装和金属芯线的光纤线缆	0

注：① L 是线路从所考虑建筑物至网络的第一个分支点或相邻建筑物的长度，单位为 m，最大值为 1000 m；当 L 未知时，应取 $L=1000$ m。

② d_s 是埋地引入线缆计算截收面积时的等效宽度，单位为 m，其数值等于土壤电阻率的值，最大值为 500 m。

2. 年均最大雷击次数

建筑物电子信息系统设备因直接雷击和雷电电磁脉冲可能造成损坏，可接受的年平均最大雷击次数 N_c 可按下式计算：

$$N_c = 5.8 \times 10^{-1.5}/C \qquad (3\text{-}4)$$

式中：C 是各类因子 $C_1, C_2, C_3, C_4, C_5, C_6$ 之和。C_1 是信息系统所在建筑物材料结构因子，当建筑物屋顶和主体结构均为金属材料时，C_1 取 0.5；当建筑物屋顶和主体结构均为钢筋混凝土材料时，C_1 取 1.0；当建筑物为砖混结构时，C_1 取 1.5；当建筑物为砖木结构时，C_1 取 2.0；当建筑物为木结构时，C_1 取 2.5。C_2 是信息系统重要程度因子，表 3.2 中 C，D 类电子信息系统 C_2 取 1；B 类电子信息系统 C_2 取 2.5；A 类电子信息系统 C_2 取 3.0。C_3 是电子信息系统设备耐冲击类型和抗冲击过电压能力因子，一般时 C_3 取 0.5；较弱时 C_3 取 1.0；相当弱时 C_3 取 3.0。C_4 是电子信息系统设备所在 LPZ 的因子，设备在 LPZ2 等后续 LPZ 内时，C_4 取 0.5；设备在 LPZ1 内时，C_4 取 1.0；设备在 LPZ0 内时，C_4 取 1.5～2.0。C_5 是电子信息系统发生雷击事故的后果因子，信息系统业务中断不会产生不良后果时，C_5 取 0.5；信息系统业务原则上不允许中断，但在中断后无严重后果时，C_5 取 1.0；信息系统业务不允许中断，中断后会产生严重后果时，C_5 取 1.5～2.0。C_6 是区域雷暴等级因子，少雷区 C_6 取 0.8；中雷区 C_6 取 1.0；多雷区 C_6 取 1.2；强雷区 C_6 取 1.4。

3. 雷电防护设备安装原则

确定电子信息系统设备是否需要安装雷电防护装置时，应将 N 和 N_c 进行比较。

1）当 N 小于或等于 N_c 时，可不安装雷电防护装置。

2）当 N 大于 N_c 时，应安装雷电防护装置。

4. 确定雷电防护等级

安装雷电防护装置时，按防雷装置拦截效率 E 确定其雷电防护等级，$E=1-$

N_C/N。

　　1)当 E 小于 0.98 时,定为 A 级。

　　2)当 E 大于 0.90 且小于或等于 0.98 时,定为 B 级。

　　3)当 E 大于 0.80 且小于或等于 0.90 时,定为 C 级。

　　4)当 E 小于或等于 0.80 时,定为 D 级。

3.2.3　按信息系统的重要性、使用性质和价值确定雷电防护等级

　　建筑物电子信息系统可根据其重要性、使用性质和价值,按表 3.2 选择确定雷电防护等级[1]。

表 3.2　建筑物电子信息系统雷电防护等级

雷电防护等级	建筑物电子信息系统
A	国家级计算中心,国家级通信枢纽,国家金融中心,证券中心,银行总(分)行,大中型机场,国家级和省级广播电视中心,枢纽港口,火车枢纽站,省级城市水、电、气、热等城市重要公用设施的电子信息系统;一级安全防范系统,如国家文物、档案库的闭路电视监控和报警系统;三级医院电子医疗设备
B	中型计算中心、银行支行、中型通信枢纽、移动通信基站、大型体育场(馆)监控系统、小型机场、大型港口、大型火车站的电子信息系统;二级安全防范系统,如省级文物、档案库的闭路电视监控和报警系统;雷达站、微波站、高速公路监控和收费系统;二级医院电子医疗设备;五星级及更高星级宾馆电子信息系统
C	三级金融设施、小型通信枢纽电子信息系统;大中型有线电视系统;四星级及以下宾馆电子信息系统
D	除上述 A,B,C 级以外的一般用途的需防护电子信息设备

3.2.4　按风险管理要求进行雷击风险评估

　　(1)因雷击导致建筑物的各种损失对应的风险分量 R_x 可按下式估算:

$$R_x = N_x \times P_x \times L_x \tag{3-5}$$

式中:N_x 是年雷击危险事件次数;P_x 是每次雷击损害概率;L_x 是每次雷击损失率。

　　(2)建筑物的雷击损害风险 R 可按下式估算:

$$R = \sum R_x \tag{3-6}$$

式中:R 是建筑物的雷击损害风险涉及的风险分量 $R_A \sim R_Z$,见表 3.3。

表 3.3　涉及建筑物的雷击损害风险分量

各类损失的风险	风险分量							
	雷击建筑物 S1			雷击建筑物附近 S2	雷击连接到建筑物的线路 S3			雷击连接到建筑物的线路附近 S4
人员生命损失风险 R_1	R_A	R_B	R_C①	R_M①	R_U	R_V	R_W①	R_Z②
公众服务损失风险 R_2	—	R_B	R_C	R_M	—	R_V	R_W	R_Z
文化遗产损失风险 R_3	—	R_B	—	—	—	R_V	—	—
经济损失风险 R_4	R_A②	R_B	R_C	R_M	R_U②	R_V	R_W	R_Z
总风险 $R=R_D+R_1$	直接雷击风险 $R_D=R_A+R_B+R_C$			间接雷击风险 $R_1=R_M+R_U+R_V+R_W+R_Z$				

注:① 表中标有①处仅指具有爆炸危险的建筑物及因内部系统故障立即危及性命的医院或其他建筑物。

② 表中标有②处仅指可能出现牲畜损失的建筑物。

③ 各类损失相对应的风险($R_1 \sim R_4$)由对应行的分量($R_A \sim R_Z$)之和组成。例如,$R_2 = R_B + R_C + R_M + R_V + R_W + R_Z$。

（3）根据风险管理的要求,应计算建筑物雷击损害风险 R,并与风险容许值比较。当所有风险均小于或等于风险容许值,可不增加防雷措施;当某风险大于风险容许值,应增加防雷措施减小该风险,使其小于或等于风险容许值,并评估雷电防护措施的经济合理性。

3.3　信息系统综合防雷

3.3.1　一般规定

1）建筑物电子信息系统宜进行雷击风险评估并采取相应的防护措施。

2）需要保护的电子信息系统必须采取等电位连接与接地保护措施。

3）建筑物电子信息系统应根据需要保护的设备数量、类型、重要性、耐冲击电压额定值及所要求的电磁场环境等情况选择下列雷电电磁脉冲的防护措施:等电位连接和接地;磁场屏蔽;合理布线;能量配合的电涌保护器防护。

3.3.2　等电位连接与共用接地系统设计

（1）机房内电气和电子设备应作等电位连接。等电位连接的结构形式应采用 S 型、M 型或它们的组合（图 3.2）。电气和电子设备的金属外壳、机柜、机架、金属管（槽）、屏蔽线缆金属外层、电子设备防静电接地、安全保护接地、功能性接地、电涌保护器接地端等均应以最短的距离与 S 型结构的接地基准点或 M 型结构的网格连接。机房等电位连接网络应与共用接地系统连接。

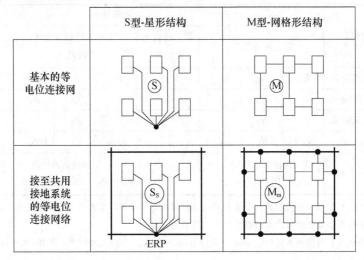

	S型-星形结构	M型-网格形结构
基本的等电位连接网		
接至共用接地系统的等电位连接网络		

图例：
　　━━━━　　　共用接地系统；
　　─────　　等电位连接导体；
　　▭　　　　设备；
　　●　　　　等电位连接网络的连接点；
　　ERP　　　接地基准点；
　　S_s　　　单点等电位连接的星形结构；
　　M_m　　　网状等电位连接的网格形结构

图 3.2　电子信息系统等电位连接网络的基本方法

　　(2)在 $LPZ0_A$ 或 $LPZ0_B$ 与 LPZ1 交界处应设置总等电位接地端子板,总等电位接地端子板与接地装置的连接不应少于两处;每层楼宜设置楼层等电位接地端子板;电子信息系统设备机房应设置局部等电位接地端子板。各类等电位接地端子板之间的连接导体宜采用多股铜芯导线或铜带,连接导体最小截面积应符合表 3.4 的规定;各类等电位接地端子板宜采用铜带,其导体最小截面积应符合表 3.5 的规定[2]。

表 3.4　各类等电位连接导体最小截面积

名称	材料	最小截面积(mm^2)
垂直接地干线	多股铜芯导线或铜带	50
楼层端子板与机房局部端子板之间的连接导体	多股铜芯导线或铜带	25
机房局部端子板之间的连接导体	多股铜芯导线	16
设备与机房等电位连接网络之间的连接导体	多股铜芯导线	6
机房网格	铜箔或多股铜芯导线	25

表 3.5　各类等电位接地端子板最小截面积

名称	材料	最小截面积(mm²)
总等电位接地端子板	铜带	150
楼层等电位接地端子板	铜带	100
机房局部等电位接地端子板	铜带	50

（3）等电位连接网络应利用建筑物内部或其上的金属部件多重互连,组成网格状低阻抗等电位连接网络,并与接地装置构成一个接地系统(图 3.3)。电子信息设备机房的等电位连接网络可直接利用机房内墙结构柱主钢筋引出的预留接地端子接地。

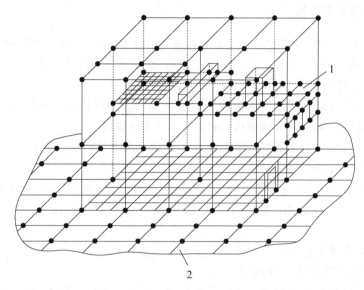

图 3.3　由等电位连接网络与接地装置组合构成的三维接地系统示例
1:等电位连接网络;2:接地装置

（4）某些特殊重要的建筑物电子信息系统可设专用垂直接地干线。垂直接地干线由总等电位接地端子板引出,同时与建筑物各层钢筋或均压带连通。各楼层设置的接地端子板应与垂直接地干线连接。垂直接地干线宜在竖井内敷设,通过连接导体引入设备机房与机房局部等电位接地端子板连接。音视频等专用设备工艺接地干线应通过专用等电位接地端子板独立引至专用设备机房。

（5）防雷接地与交流工作接地、直流工作接地、安全保护接地共用一组接地装置时,接地装置的接地电阻值必须按接入设备中要求的最小值确定。

（6）接地装置应优先利用建筑物的自然接地体,当自然接地体的接地电阻达不到要求时应增加人工接地体。

（7）机房设备接地线不应从接闪带、铁塔、防雷引下线直接引入。

（8）进入建筑物的所有金属管线（含金属管、电力线、信号线）应在入口处就近连接到等电位接地端子板上。在 LPZ1 入口处应分别设置适配的电源和信号电涌保护器，使电子信息系统的带电导体实现等电位连接。

（9）电子信息系统涉及多个相邻建筑物时，至少应采用两根水平接地体将各建筑物的接地装置相互连通。

（10）新建建筑物的电子信息系统在设计、施工时，宜在各楼层、机房内墙结构柱主钢筋处引出和预留等电位接地端子。

3.3.3　屏蔽及布线

（1）为减小雷电电磁脉冲在电子信息系统内产生的电涌，宜采用建筑物屏蔽、机房屏蔽、设备屏蔽、线缆屏蔽和线缆合理布设措施，这些措施应综合使用。

（2）电子信息系统设备机房的屏蔽应符合下列规定。

1）建筑物的屏蔽宜利用建筑物的金属框架、混凝土中的钢筋、金属墙面、金属屋顶等自然金属部件与防雷装置连接构成格栅型大空间屏蔽。

2）当建筑物自然金属部件构成的大空间屏蔽不能满足机房内电子信息系统电磁环境要求时，应增加机房屏蔽措施。

3）电子信息系统设备主机房宜选择在建筑物低层中心部位，其设备应配置在 LPZ1 之后的后续 LPZ 内，并与相应的 LPZ 屏蔽体及结构柱留有一定的安全距离（图 3.4）。

4）屏蔽效果及安全距离可按本书规定的计算方法确定。

（3）线缆屏蔽应符合下列规定。

1）与电子信息系统连接的金属信号线缆采用屏蔽电缆时，应在屏蔽层两端并宜在 LPZ 交界处做等电位连接并接地。当系统要求单独接地时，宜采用两层屏蔽或穿钢管敷设，外层屏蔽或钢管按前述要求处理。

2）当户外采用非屏蔽电缆时，从入孔井或手孔井到机房的引入线应穿钢管埋地引入，埋地长度 l 可按式（3-6）计算，但不宜小于 15 m；电缆屏蔽槽或金属管道应在入户处进行等电位连接。

$$l \geqslant 2\sqrt{\rho} \qquad\qquad (3-7)$$

式中：ρ 是埋地电缆处的土壤电阻率。

3）当相邻建筑物的电子信息系统之间采用电缆互连时，宜采用屏蔽电缆，非屏蔽电缆应敷设在金属电缆管道内；屏蔽电缆屏蔽层两端或金属管道两端应分别连接到独立建筑物各自的等电位连接带上。采用屏蔽电缆互连时，电缆屏蔽层应能承载可预见的雷电流。

4)光缆的所有金属接头、金属护层、金属挡潮层、金属加强芯等,应在进入建筑物处直接接地。

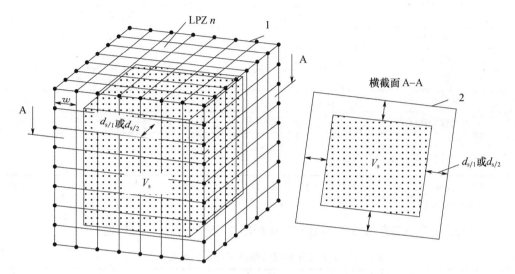

图 3.4　LPZ*n* 内用于安装电子信息系统的空间

1:屏蔽网格;2:屏蔽体;V_s:安装电子信息系统的空间;

$d_{s/1}$ 和 $d_{s/1}$:空间 V_s 与 LPZ*n* 的屏蔽体间应保持的安全距离;w:空间屏蔽网格宽度

(4)线缆敷设应符合下列规定。

1)电子信息系统线缆宜敷设在密闭的金属线槽或金属管道内。电子信息系统线路宜靠近等电位连接网络的金属部件敷设,不宜贴近 LPZ 的屏蔽层。

2)布置电子信息系统线缆走向时,应尽量减小由线缆自身形成的电磁感应环路面积(图 3.5)。

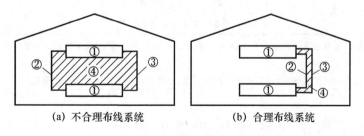

(a) 不合理布线系统　　　　　　　　　　(b) 合理布线系统

图 3.5　合理布线减少感应环路面积

①:设备;②:电源线(a 线);③:信号线(b 线);④:感应环路面积

3)电子信息系统线缆与其他管线的净距应符合表 3.6 的规定。

表 3.6　电子信息系统线缆与其他管线的净距

其他管线类别	电子信息系统线缆与其他管线的净距	
	最小平行净距(mm)	最小交叉净距(mm)
防雷引下线	1000	300
保护地线	50	20
给水管	150	20
压缩空气管	150	20
热力管(不包封)	500	500
热力管(包封)	300	300
燃气管	300	20

注:当线缆敷设高度超过 600 m 时,与防雷引下线的交叉净距应大于或等于 0.05H(H 为交叉处防雷引下线距地面的高度)。

4)电子信息系统信号线缆与电力线缆的净距应符合表 3.7 的规定。

表 3.7　电子信息系统信号线缆与电力电缆的净距

电力电缆类别	与电子信息系统信号线缆接近状况	最小净距(mm)
380 V 电力电缆容量小于 2 kV·A	与信号线缆平行敷设	130
	有一方在接地的金属线槽或钢管中	70
	双方都在接地的金属线槽或钢管中②	10
380 V 电力电缆容量 2~5 kV·A	与信号线缆平行敷设	300
	有一方在接地的金属线槽或钢管中	150
	双方都在接地的金属线槽或钢管中②	80
380 V 电力电缆容量大于 5 kV·A	与信号线缆平行敷设	600
	有一方在接地的金属线槽或钢管中	300
	双方都在接地的金属线槽或钢管中	150

注:① 当 380 V 电力电缆的容量小于 2 kV·A,双方都在接地的线槽中,且平行长度小于或等于 10 m 时,最小净距可为 10 mm。
　② 双方都在接地的线槽中,系指两个不同的线槽,也可在同一线槽中用金属板隔开。

3.4　信息系统电涌保护器的要求

(1)室外进、出电子信息系统机房的电源线路不宜采用架空线路。
(2)电子信息系统设备由 TN 交流配电系统供电时,从建筑物内总配电柜开始引出的配电线路必须采用 TN-S 系统的接地形式。

（3）电源线路电涌保护器的选择应符合下列规定。

1）配电系统中设备的耐冲击电压额定值 U_w 可按表 3.8 的规定选用。

表 3.8　220 V/380 V 三相配电系统中各种设备的 U_w

设备位置	电源进线端设备	配电线路设备	用电设备	需要保护的电子信息设备
耐冲击电压类别	Ⅳ类	Ⅲ类	Ⅱ类	Ⅰ类
U_w(kV)	6.0	4.0	2.5	1.5

注：① Ⅰ类是含有电子电路的设备，如计算机、有电子程序控制的设备。

　　② Ⅱ类是家用电器或类似负荷。

　　③ Ⅲ类是固定装置的布线系统，如配电盘、断路器，它包括线路、母线、分线盒、开关、插座等。

　　④ Ⅳ类是电气计量仪表、一次线过流保护设备、滤波器。

2）电涌保护器的最大持续工作电压 U_c 不应低于表 3.9 规定的值[2]。

表 3.9　电涌保护器的最小 U_c

电涌保护器安装位置	配电网络的系统特征				
	TT 系统	TN-C 系统	TN-S 系统	引出中性线的 IT 系统	无中性线引出的 IT 系统
每一相线与中性线间	$1.15U_0$	不适用	$1.15U_0$	$1.15U_0$	不适用
每一相线与保护线间	$1.15U_0$	不适用	$1.15U_0$	$\sqrt{3}U_0$①	相间电压①
中性线与保护线间	$U_0$①	不适用	$U_0$①	$U_0$①	不适用
每一相线与保护中性线间	不适用	$1.15U_0$	不适用	不适用	不适用

注：① 表中标有①的值是故障下最坏的情况，所以不需要计及 15% 的允许误差。

　　② U_0 是低压系统相线对中性线的标称电压，即相电压 220 V。

　　③ 此表适用于符合现行国家标准 GB 18802.1—2011《低压电涌保护器(SPD) 第 1 部分：低压配电系统的电涌保护器性能要求和试验方法》的电涌保护器产品。

3）进入建筑物的交流供电线路，在线路的总配电箱等 LPZ0$_A$ 或 LPZ0$_B$ 与 LPZ1 交界处，应设置Ⅰ类试验的电涌保护器或Ⅱ类试验的电涌保护器作为第一级保护；在配电线路分配电箱、电子设备机房配电箱等后续 LPZ 交界处，可设置Ⅱ类或Ⅲ类试验的电涌保护器作为后级保护；特殊重要的电子信息设备电源端口可安装Ⅱ类或Ⅲ类试验的电涌保护器作为精细保护（图 3.6）。使用直流电源的信息设备，视其工作电压要求，宜安装适配的直流电源线路电涌保护器。

4）电涌保护器设置级数应综合考虑保护距离、电涌保护器连接导线长度、被保护设备耐冲击电压额定值 U_w 等因素。各级电涌保护器应能承受在安装点上预计的放电电流，其有效保护水平 $U_{p/f}$ 应小于相应类别设备的 U_w。

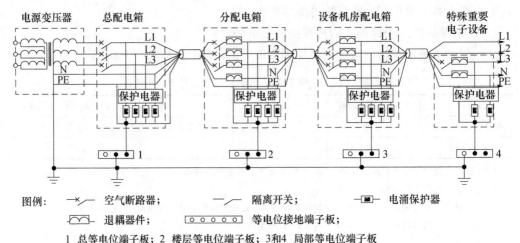

图例：　—×—　空气断路器；　　　—／—　隔离开关；　　　▣　电涌保护器

　　　　🔲　退耦器件；　　🔳🔳🔳🔳🔳🔳　等电位接地端子板；

　　1　总等电位端子板；2　楼层等电位端子板；3和4　局部等电位端子板

图 3.6　TN-S 系统的配电线路电涌保护器安装位置示意图

5)LPZ0 和 LPZ1 界面处每条电源线路的电涌保护器的冲击电流 I_{imp}，当采用非屏蔽线缆时，按式(3-7)估算确定；当采用屏蔽线缆时，按式(3-8)估算确定；当无法计算确定时，应取 I_{imp} 大于或等于 12.5 kA。

$$I_{imp} = \frac{0.5I}{(n_1 + n_2)m} \tag{3-8}$$

$$I_{imp} = \frac{0.5IR_s}{(n_1 + n_2) \times (mR_s + R_C)} \tag{3-9}$$

式中：I 是雷电流；n_1 是埋地金属管、电源及信号线缆的总数目；n_2 是架空金属管、电源及信号线缆的总数目；m 是每一线缆内导线的总数目；R_s 是屏蔽层每千米的电阻；R_C 是芯线每千米的电阻。

6)当电压开关型电涌保护器与限压型电涌保护器之间的线路长度小于 10 m，或两个限压型电涌保护器之间的线路长度小于 5 m 时，在两级电涌保护器之间应加装退耦装置。当电涌保护器具有能量自动配合功能时，电涌保护器之间的线路长度不受限制。电涌保护器应有过电流保护装置和劣化显示功能。

7)按本节规定确定雷电防护等级时，用于电源线路的电涌保护器的冲击电流 I_{imp} 和标称放电电流 I_n 的参数推荐值宜符合表 3.10 的规定。

8)电源线路电涌保护器在各个位置安装时，电涌保护器的连接导线均应短且直，其总长度不宜大于 0.5 m。有效保护水平 $U_{p/f}$ 应小于设备耐冲击电压额定值 U_w。相线与等电位连接带之间的电压如图 3.7 所示。

表 3.10　电源线路电涌保护器 I_{imp} 和 I_n 参数推荐值

雷电防护等级	总配电箱		分配电箱	设备机房配电箱和需要特殊保护的电子信息设备端口处		
	LPZ0 与 LPZ1 边界		LPZ1 与 LPZ2 边界	后续 LPZ 的边界		
	$10/350\,\mu s$ I 类试验	$8/20\,\mu s$ II 类试验	$8/20\,\mu s$ II 类试验	$8/20\,\mu s$ II 类试验	$1.2/50\,\mu s$ 和 $8/20\,\mu s$ 复合波 III 类试验	
	$I_{imp}(kA)$	$I_n(kA)$	$I_n(kA)$	$I_n(kA)$	$U_{oc}(kV)$	$I_{sc}(kA)$
A	≥20	≥80	≥40	≥5	≥10	≥5
B	≥15	≥60	≥30	≥5	≥10	≥5
C	≥12.5	≥50	≥20	≥3	≥6	≥3
D	≥12.5	≥50	≥10	≥3	≥6	≥3

注：电涌保护器分级应根据保护距离、电涌保护器连接导线长度、被保护设备耐冲击电压额定值 U_w 等因素确定。

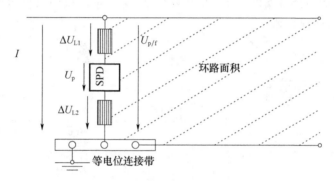

图 3.7　相线与等电位连接带之间的电压
I：局部雷电流；$U_{p/f}$：有效保护水平；U_p：电压保护水平；
$\Delta U(\Delta U_{L1} + \Delta U_{L2})$：连接导线上的感应电压

9)电源线路电涌保护器安装位置与被保护设备间的线路长度大于 10 m 且有效保护水平大于 $U_{w/2}$ 时,应按式(3-9)和式(3-10)估算振荡保护距离 L_{po}。当建筑物位于多雷区或强雷区且没有线路屏蔽措施时,应按式(3-11)和式(3-12)估算感应保护距离 L_{pi}。

$$L_{po} = (U_w - U_p)/k \qquad (3-10)$$

$$k = 25 \qquad (3-11)$$

$$L_{pi} = (U_w - U_{p/f})/h \qquad (3-12)$$

$$h = 30000 \times K_{S1} \times K_{S2} \times K_{S3} \qquad (3-13)$$

式中：U_w 是设备耐冲击电压额定值；$U_{p/f}$ 是有效保护水平,即连接导线的感应电压降与电涌保护器的 U_p 之和；K_{S1} 是 LPZ0/1 交界处的建筑物结构、雷电保护系统(LPS)和其他屏蔽物的屏蔽效能因子；K_{S2} 是建筑物内部 LPZx/y($x>0,y>1$)交界处屏蔽物的屏蔽效能因子;K_{S3}是建筑物内部布线的特性因子。

10)入户处第一级电源电涌保护器与被保护设备间的线路长度大于L_{po}或L_{pi}时,应在配电线路的分配电箱处或在被保护设备处增设电涌保护器。分配电箱处的电源电涌保护器与被保护设备间的线路长度大于L_{po}或L_{pi}时,应在被保护设备处增设电涌保护器。在被保护的电子信息设备处增设电涌保护器时,U_p应小于设备耐冲击电压额定值U_w,并应留有20%裕量。在一条线路上设置多级电涌保护器时,应考虑它们之间的能量协调配合。

(4)信号线路电涌保护器的选择应符合下列规定。

1)电子信息系统信号线路电涌保护器应根据线路的工作频率、传输速率、传输带宽、工作电压、接口形式和特性阻抗等参数,选择插入损耗小、分布电容小,并与纵向平衡、近端串扰指标适配的电涌保护器。U_c应大于线路上的最大工作电压1.2倍,U_p应低于被保护设备的耐冲击电压额定值U_w。

2)电子信息系统信号线路电涌保护器宜设置在LPZ界面处(图3.8)。根据雷电过电压、过电流幅值和设备端口耐冲击电压额定值,可设单级电涌保护器保护,也可设能量配合的多级电涌保护器。

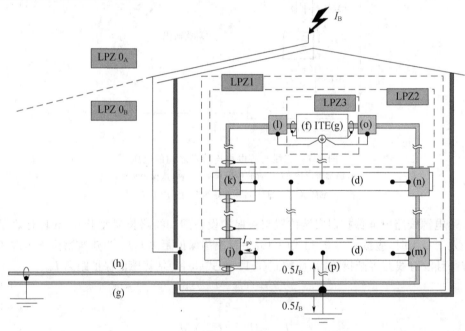

图3.8 信号线路电涌保护器的设置

(d):LPZ边界的等电位接地端子板;(m)、(n)和(o):符合Ⅰ,Ⅱ或Ⅲ类试验要求的电源电涌保护器;(f):信号接口;
(p):接地线;(g):电源接口;(h):信号线路或网络;(j)、(k)和(l):不同LPZ边界的信号线路电涌保护器;
I_{pc}:部分雷电流;I_B:直击雷电流

3)信号线路电涌保护器的参数宜符合表 3.11 的规定。

表 3.11 信号线路电涌保护器的参数推荐值

雷电防护区		LPZ0/1	LPZ1/2	LPZ2/3
电涌范围	$10/350\ \mu s$	$0.5\sim2.5$ kA	—	—
	$1.2/50\ \mu s,8/20\ \mu s$	—	$0.5\sim10$ kV,$0.25\sim5$ kA	$0.5\sim1$ kV,$0.25\sim0.5$ kA
	$10/700\ \mu s,5/300\ \mu s$	4 kV,100 A	$0.5\sim4$ kV,$25\sim100$ A	
电涌保护器的要求	(j)①	D_1,B_2		
	(k)①		C_2,B_2	
	(l)①			C_1

注:① 表中标有①处的(j)、(k)和(l)为电涌保护器,见图 3.8。
② 电涌范围为最小的耐受要求,可能设备本身具备 LPZ2/3 栏标注的耐受能力。
③ B_2、C_1、C_2 和 D_1 是规定的信号线路电涌保护器冲击试验类型,详见表 3.12。

表 3.12 信号线路电涌保护器的冲击试验推荐采用的波形和参数

电涌保护器类别	试验类型	开路电压	短路电流
A_1	很慢的上升率	$\geqslant1$ kV,$0.1\sim100$ kV/s	10 A,$0.1\sim2$ A/μs,$\geqslant1000\ \mu s$(持续时间)
A_2	AC	—	—
B_1	慢上升率	1 kV,$10/1000\ \mu s$	100 A,$10/1000\ \mu s$
B_2		1 kV 或 4 kV,$10/700\ \mu s$	25 A 或 100 A,$5/300\ \mu s$
B_3		$\geqslant1$ kV,100 V/μs	10 A,25 A 或 100 A,$10/1000\ \mu s$
C_1	快上升率	0.5 kV 或 1 kV,$1.2/50\ \mu s$	0.25 kA 或 0.5 kA,$8/20\ \mu s$
C_2		2 kV、4 kV 或 10 kV,$1.2/50\ \mu s$	1 kA、2 kA 或 5 kA,$8/20\ \mu s$
C_3		$\geqslant1$ kV,1 kV/μs	10 A,25 A 或 100 A,$10/1000\ \mu s$
D_1	高能量	$\geqslant1$ kV	0.5 kA,1 kA 或 2.5 kA,$10/350\ \mu s$
D_2		$\geqslant1$ kV	1 kA 或 2.5 kA,$10/250\ \mu s$

(5)天馈线路电涌保护器的选择应符合下列规定。

1)天线应置于 $LPZ0_B$ 内。

2)应根据被保护设备的工作频率、平均输出功率、连接器形式及特性阻抗等参数选用插入损耗小、电压驻波比小、适配的天馈线路电涌保护器。

3)天馈线路电涌保护器应安装在收发通信设备的射频出、入端口处,其参数应符合表 3.13 的规定。

表 3.13　天馈线路电涌保护器的主要技术参数推荐表

工作频率	传输功率	电压驻波比	插入损耗	接口方式	特性阻抗	U_c	I_{imp}	U_p
1.5～6000 MHz	≥1.5 倍系统平均功率	≤1.3	≤0.3 dB	应满足系统接口要求	50/75 Ω	大于线路上最大运行电压	≥2 kA 或按用户要求确定	小于设备端口 U_w

4）具有多副天线的天馈传输系统，每副天线应安装适配的天馈线路电涌保护器。当天馈传输系统采用波导管传输时，波导管的金属外壁应与天线架、波导管支撑架及天线反射器电气连通，其接地端应就近接在等电位接地端子板上。

5）天馈线路电涌保护器接地端应采用能承载预期雷电流的多股绝缘铜导线连接到 LPZ0$_A$ 或 LPZ0$_B$ 与 LPZ1 边界处的等电位接地端子板上，其导线截面积不小于 6 mm^2。同轴电缆的前后两端及进机房前应将金属屏蔽层就近接地。

（6）电源线路电涌保护器的安装应符合下列规定。

1）电源线路的各级电涌保护器应分别安装在线路进入建筑物的入口、LPZ 的界面和靠近被保护设备处。各级电涌保护器连接导线应短且直，其长度不宜超过 0.5 m，并固定牢靠。电涌保护器各接线端应在本级开关和熔断器的下桩头分别与配电箱内线路的同名端相线连接，电涌保护器的接地端应以最短距离与所处 LPZ 的等电位接地端子板连接。配电箱的保护线应与等电位接地端子板直接连接。

2）带有接线端子的电源线路电涌保护器应采用压接，带有接线柱的电涌保护器宜采用接线端子与接线柱连接。

3）电涌保护器的连接导线最小截面积宜符合表 3.14 的规定。

表 3.14　电涌保护器连接导线最小截面积

电涌保护器级数	电涌保护器类型	最小截面积（mm^2）	
		电涌保护器连接相线铜导线	电涌保护器接地端连接铜导线
第一级	开关型或限压型	6.0	10.0
第二级	限压型	4.0	6.0
第三级	限压型	2.5	4.0
第四级	限压型	2.5	4.0

注：组合型电涌保护器参照相应级数的截面积选择。

参考文献

[1] 中国建筑标准设计研究院,四川中光防雷科技股份有限公司.建筑物电子信息系统防雷技术规范:GB 50343—2012[S].北京:中国建筑工业出版社,2012.

[2] 中国电器工业协会,全国避雷器标准化技术委员会.低压电涌保护器(SPD) 第 1 部分:低压配电系统的电涌保护器性能要求和试验方法:GB 18802.1—2011[S].北京:中国标准出版社,2011.

第 4 章　信息系统防雷保护器件

4.1　信息系统电涌保护器的原理

电涌保护器(SPD),又称浪涌保护器。按国际电工委员会(IEC)的定义,电涌保护器是用于限制瞬态过电压和泄放电涌电流的装置,它至少应包含一个非线性元件。电涌保护器并联或串联安装在被保护设备端,通过泄放电涌电流、限制电涌电压来保护电子设备。泄放雷电流、限制电涌电压这两个作用都是由其非线性元件(一个非线性电阻,或是一个开关元件)完成的。在被保护电路正常工作且瞬态电涌未到来以前,此元件呈现高阻状态,对被保护电路没有影响;当瞬态电涌到来时,此元件迅速转变为低阻状态,将电涌电流旁路,并将被保护设备两端的电压限制在较低的水平;当电涌能量释放后,该非线性元件又迅速地自动恢复为高阻状态。如果这个动作与恢复的过程能迅速而顺利地完成,被保护设备和电路就不会遭受雷电或操作电涌的危害,其电路将正常工作。

电涌保护器可分为电压限制型、电压开关型和组合型三类,各种类型 SPD 的优缺点见表 4.1。

表 4.1　各种结构类型 SPD 的优缺点比较表

类型	特性						
	响应时间	动作平稳性	动作分散性	续流	泄漏电流	电压保护水平	老化
电压限制型 SPD	较快, <25 ns	平稳	无	极小	有	较低	会, 但可延缓
电压开关型 SPD	较慢, <100 ns	突变	大	很大,可自熄	基本无	高, 但可触发降低	不会
组合型 SPD (串联)	较慢	较平稳	大	较小	基本无	高, 但可触发降低	不会

注:动作平稳性是指元件的阻抗是否突变,突变会引起电路的振荡和干扰;动作分散性是指击穿电压的分散性,其能够使电压保护水平发生变化。

1. 电压限制型 SPD

电压限制型 SPD 的核心保护元件为各种非线性电阻性元件,其具有连续的伏安特性,随着电流增大,电阻会连续减小。电源 SPD 中最普遍的是金属氧化物非线性电阻(MOV),又称压敏电阻。MOV 元件常为圆片或方片状,由多种金属氧化物(主要是氧化锌)组成。无电涌时 MOV 处于小电流密度区,电涌通过时处于饱和区,有钳位作用。SPD 采用多片串联或多片并联的方式组合,均为电压限制型 SPD[1]。

2. 电压开关型 SPD

电压开关型 SPD 的核心保护元件为各种开关型器件,如开放的空气间隙、封闭的气体放电管和石墨间隙等,低压配电系统 SPD 最常用的即是间隙元件。开关型器件也是非线性元件,但伏安特性不连续,在小电压时基本呈开路状态;电压高到一定程度时两电极间电阻突然降低,其可转变为低阻状态。图 4.1 是角形气体间隙的结构,图中标注的数字轨迹表示了电弧发展的过程。图 4.2 是石墨间隙的结构,其采用多个石墨片排列的方式,并有外部触发装置配合石墨间隙的击穿。

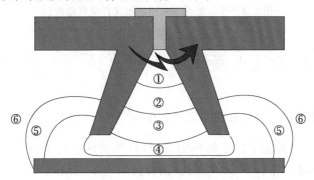

图 4.1　角形气体间隙

①:启动电压点燃电弧;②:电火花连接两个电极;③:电火花向外部扩散;
④:电火花达到撞击板;⑤:产生分电火花;⑥:电火花中断并熄灭

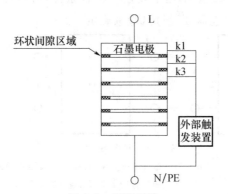

图 4.2　石墨间隙

3. 组合型 SPD

　　组合型 SPD 是将电压开关型元件和电压限制型元件,通过串联或并联的方式组合而形成的 SPD。两种组合方式的原理类似,以串联为例,如图 4.3 所示。组合型 SPD 也具有非线性特性,但伏安特性不连续,其表现与电压和电流有关,有时呈现电压开关型 SPD 特性,有时呈现电压限制型 SPD 特性。

图 4.3　开关型元件和限制型元件串联原理图

4.2　信息系统电涌保护器的选择

4.2.1　电涌保护器与信息技术设备的配合

　　为确保在过电压情况下前后级 SPD 或 SPD 与被保护信息技术设备(ITE)间的配合,在所有已知和额定条件下 SPD1 的输出保护水平不应超过 SPD2 或 ITE 的输入耐受水平。如果满足以下判据, 则前后级 SPD 能够达到配合良好:前级 SPD 的电压保护水平 U_p 小于后级设备的电压耐受水平 U_{IN};前级 SPD 的通电流 I_p 小于后级设备的电流耐受水平 I_{IN},见图 4.4。如果达不到这些配合条件,可通过增加一个退耦元件来实现配合,这个退耦元件可能需要通过试验来确定[2]。

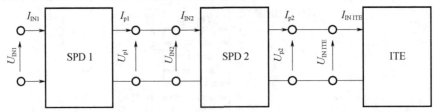

图 4.4　两个 SPD 的配合

U_{INITE}:用于耐受性验证的发生器开路电压;I_{IN2} 和 I_{INITE}:用于耐受性验证的发生器短路电流;

U_p:电压保护水平;I_p:通电流

注:当使用单端口 SPD 时, 需考虑并联连接可能产生的电压降。

　　当使用单端口 SPD 时,应考虑并联可能产生的电压降,可通过要求 SPD 电压保护水平 U_p 不超过设备耐受电压 U_w 的 80% 来解决这一问题。

　　SPD 至少包含一个非线性限压元件,所以保护端开路输出的电压是试验发生器所施加的(开路)过电压的畸变形式。这使得一般所说的"黑匣子"SPD 配合困难。使用制造商推荐的 SPD 是最安全的,制造商有能力确定 SPD 的良好配合或通过试验确定 SPD 的配合。为使 SPD 与 ITE 配合良好,需要 ITE 制造商提供技术要求、资料或试验报告。

4.2.2　为减小雷电效应的电涌保护器的选用

　　SPD 通过吸收或反射能量来限制电涌,应根据表 4.2 选择合适的 SPD。

表 4.2　SPD 的选型推荐

雷电防护区		LPZ0/1	LPZ1/2	LPZ2/3
SPD 的要求	(j)①	D_1,D_2,B_2	—	—
	(k)①	—	C_1,B_2	—
	(l)①	—	—	C_1

注:① 表中标有①处的(j)、(k)和(l)为 SPD,见图 4.5。

　　② 在 LPZ2/3 中所示的电涌范围包括典型的最小耐受能力要求,并且可以由市场决定在设备内部实现。

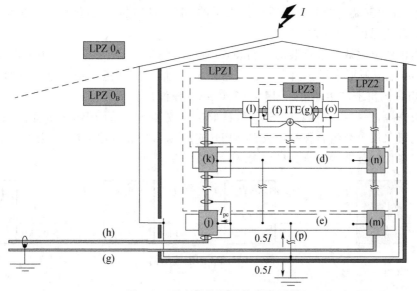

图 4.5　雷电保护原理的配置示例

　　(d):LPZ边界的等电位连接排;(e):主等电位连接排;(f):信息技术/电信接口;(g):电源接口/电源线;
(h):信息技术/电信线路或网络;I_{pc}:直击雷电流产生的部分电涌电流;I:直击雷电流,
其通过不同耦合路径在建筑物内产生的部分电涌电流;(j)、(k)和(l):按表 4.2 确定的 SPD;
(m)、(n)和(o):Ⅰ、Ⅱ和Ⅲ类的 SPD;(p):接地导体

当确定保护措施时,应考虑每个不同保护位置(图 4.5)的保护要求。应在 LPZ 分界面分级采用保护装置。当存在 LPS 时,LPZ 的概念尤为重要。例如,位于建筑物入口处的第一级保护水平(j)和(m),主要保护装置不被损坏。该级保护措施应按此设计并设定参数,该保护输出一个被削减的能量,此输出又成为后一级保护的输入。后一级的保护水平(k)、(l)及(n)、(o)进一步将电涌水平降低至随后的后级保护或设备可以接受的值。

图 4.5 是一个雷电保护的示例。根据过电压或过电流危险程度及 SPD 特性,建筑物内的设备也可由单个 SPD 保护。数个保护水平可通过在一个 SPD 中组合保护电路而确定。根据设备位置,一个 SPD 可用于保护建筑中的多个区域。当存在级联的 SPD 时,应考虑 4.2.1 节的配合条件。

4.2.3　为降低瞬态电涌的电涌保护器的选用

SPD 应按 LPZ 的级联和表 4.2 的要求进行选用(配合可参见 4.2.1 节)。为达此目的,保护装置的选用应满足 SPD 标识的电压保护水平 U_p 小于后级 SPD 或 ITE 可耐受电压值的要求(图 4.5)。

表 4.2 中关于 LPZ 的选择方法是:假设 LPZ 分界面 LPZ0/1 的总雷电流 I 的各分量通过(j)后,由电阻耦合进入信息技术系统(部分电涌电流 I_{pc})。这样,在信息技术系统传输的雷电波形将受到系统布线和 SPD 动作的影响。如果(j)的保护水平高于设备耐受水平,就再安装一个具有合适保护水平的 SPD,且能与(j)能量配合。也可以采用一个具有合适保护水平的 SPD 取代(j)。

由雷击的电磁效应或预装的限制装置(如 SPD)的通电流感应所产生的电涌电流,用 8/20 μs 电流波形表示。由发生在信息技术/电信线路附近,但又远离连接在这些线路的 ITE 的雷击产生的电压,用 10/700 μs 电压波形表示。

一般来说,保护设备所需的 SPD 数量取决于安装 SPD 的 LPZ 分界面的数量。保护设备也可采用单个组合保护电路的 SPD(使用 4.2.2 节所述方法)。从(j)到(l)(图 4.6)的级联保护装置的配合条件应参考 4.2.1 节。

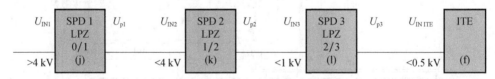

图 4.6　LPZ 的配置示例

4.2.4　为限制低频电涌电压的电涌保护器的选择

电信线路容易受到电源线故障过电压影响的区域,线路与地电位间的电压应通过连接在线路导线与接地端子间的 SPD 来限制。应根据保护装置的击穿电压和该保护装置导线对地连接的阻抗来选择终端设备的介电强度。可采用电压限制型 SPD 或电压开关型 SPD 保护电信线路免受工频电涌的影响。

4.3　信息系统电涌保护器的安装

4.3.1　电涌保护器的安装布线

1. 概述

安装 SPD 时,应把引线/连接线上的电压降至最小。下述方法与低保护水平 U_p,共同构建了为防止任何由于不正确布线(耦合、环路、电缆电感),而引起的在限压过程中额外升高电压的基本规则,并得到了有效的电压限制效果。

图 4.7 是 ITE 数据和电源输入电压的共模电压和差模电压的保护方法示例。有效的电压限制可通过下列方式实现:尽可能靠近设备安装 SPD(三端子、五端子或多端子 SPD);避免 SPD 连接导线过长,并减小 SPD 端子 X_1 和 X_2(图 4.8)与被保护区域之间不必要的弯曲,图 4.9 对应的连接方式是最理想的。

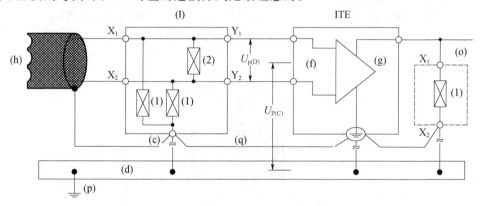

图 4.7　ITE 数据和电源输入电压的共模电压和差模电压的保护方法示例

(1):限制共模电压的电涌保护元件;(2):限制差模电压的电涌保护元件;

(c):SPD 连接点,通常指 SPD 内所有共模、电压限制型电涌电压元件的参考点;(d):等电位连接体;

(f):信息技术/电信接口;(g):供电电源接口;(h):信息技术/电信线路或网络;(l):按表 4.1 确定的 SPD;

(o):电源线的 SPD;(p):接地导体;(q):必要连接(尽可能短);$U_{p(C)}$:限制到保护水平的共模电压;

$U_{p(D)}$:限制到保护水平的差模电压;X_1 和 X_2:非保护侧的 SPD 端子,这些端子间分别接有限制元件(1)和(2);

Y_1 和 Y_2:保护侧的 SPD 端子

2. 二端子 SPD

图 4.8 和图 4.9 分别是两种可能的安装二端子 SPD 的方法,其中第二种安装方法解决了 SPD 连接导线过长导致的问题。

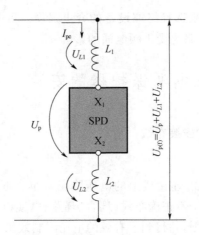

图 4.8　引线电感引起的 U_{L1} 和 U_{L2} 对保护水平 U_p 的影响

L_1 和 L_2 :SPD 连接导线的导体电感;I_{pc} :直击雷电流的部分电涌电流;

U_{L1} 和 U_{L2} :电涌电流 I_{pc} 变化率 di/dt 在相应的电感 L 上感应的差模电压,与连接导线整体长度或单位长度有关;

X_1 和 X_2 :SPD 的端子,对应于 SPD 的非保护侧,限压元件位于这些端子间;U_p :SPD 输出端电压(保护水平);

$U_{p(f)}$:在 ITE 输入端(f)由保护水平 U_p 及 SPD 与被保护设备间连接导体上的电压降产生的电压(实际保护水平)

注:在 SPD 开始导通前,U_{L1} 及 U_{L2} 等于 0;对于开关型 SPD,当 SPD 导通时,U_p 为残压。

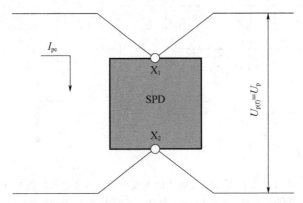

图 4.9　通过把连接导线连接至公共点去除保护单元的电压 U_{L1} 和 U_{L2}

X_1 和 X_2 :SPD 的端子,对应于 SPD 的非保护侧,限压元件位于这些端子间;I_{pc} :直击雷电流的部分电涌电流;

U_p :SPD 输出端电压(保护水平);$U_{p(f)}$:在 ITE 输入端(f)由保护水平 U_p 及 SPD 与被保护设备间

连接引线产生的电压(实际保护水平)

3. 三端子、五端子或多端子 SPD

要获得有效的限制电压,需要针对系统进行特定的研究,如考虑保护装置与 ITE 之间的各种状况,如图 4.10 所示。其附加措施还包括:不要将连接至保护端口的电缆与连接至非保护端口的电缆放置在一起;不要将连接至保护端口的电缆与接地导体

(p)放置在一起；SPD 保护侧到被保护的 ITE 的连接应尽可能短，或采取屏蔽措施。

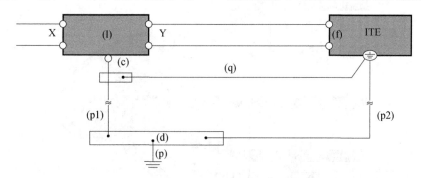

图 4.10　实际保护水平受干扰影响最小的 ITE 与三、五或多端子 SPD 安装的必要条件

(c)：SPD 公共参考端，SPD 内的所有共模或电压限制型电涌电压元件通常以此为参考点；

(d)：等电位连接体；(f)：信息技术/电信接口；(l)：根据表 4.2 确定的 SPD；(p)：接地导体；

(p1)和(p2)：接地导体(尽可能短)，对于远程供电的 ITE，(p2)可能不存在；(q)：必要的连接导线(尽可能短)；

X 和 Y：SPD 的端子，对应于 SPD 的非保护侧，限压元件位于这些端子间

4. 雷电感应过电压对建筑物内部系统的影响

建筑物内部可能存在雷电感应过电压，其可通过耦合进入内部网络。这类过电压通常是共模的，但也可能以差模的形式出现。这类过电压会造成绝缘击穿或 ITE 中的元件损坏。为限制过电压的影响，应按图 4.7 安装 SPD。其他可采取的措施还包括：SPD 与 ITE 间采取等电位连接(q)，以减小共模电压(图 4.10)；采用双绞线，以减小差模电压；采用屏蔽线，以减小共模电压。

4.3.2　多功能电涌保护器

独立的 SPD 如图 4.11 所示。在交直流电源或通信线路进入建筑物的交界面处安装 SPD 的传统做法可能不足以保护计算机工作站和多媒体中心等对电涌敏感设备终端。由于建筑物内部电缆网络之间的感应耦合和 SPD 的电流转移至接地系统以及接地极之间的电位差，内部电涌也可出现在信号线缆上。多功能电涌保护器(MSPD)能补充已有的保护措施，为各种设备终端提供就地防护。当服务线路通过 MSPD 时，MSPD 保护连接至公共参考点的设备群处的服务设施，降低设备群接地连接处的循环电涌电流。

MSPD 在一个单独的外壳中包含有一个组合保护电路，其至少用于两个不同的服务设施。它可以限制设备承受的电涌电压并为不同服务线路提供等电位连接。组合装置中电涌电压保护电路用于电源线路的应符合 IEC 的相关要求，用于电信和信号线路保护的应符合现行国家标准 GB/T 18802.21—2016《低压电涌保护器 第 21 部分：电信和信号网络的电涌保护器(SPD)性能要求和试验方法》的要求。

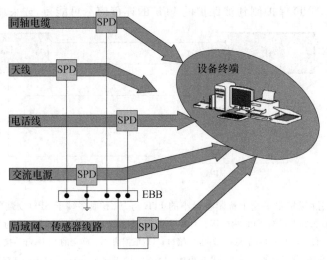

图 4.11　独立 SPD

EBB:等电位连接体

　　布线工作可能导致建筑物线缆产生电磁感应电涌、地电位抬升和电源与通信之间的等电位连接不良。已研发出 MSPD 可以保护如图 4.12 所示设备和局部设备终端群免受上述困扰，这些设备终端连接多项服务线路。MSPD 设计和构造的一个重要特征是将用于各种独立服务线路中的 SPD 进行等电位连接，这减小了在不同服务线路之间的电压差。

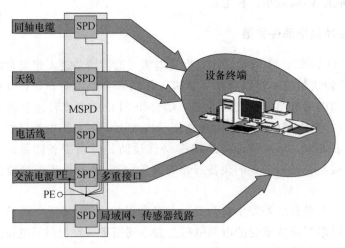

图 4.12　具有 PE 连接的 MSPD

PE:接地端子

根据应用情况,有必要在 MSPD 上设置一个接地端子。

验证 MSPD 的等电位连接,包括在两者之间、独立的服务设施之间或它们的接地之间施加一个电涌,然后测量 MSPD 被保护侧通过的接地电流。

在设备内部设置共用参考点可通过直接等电位连接或者通过一个合适的元件来实现。电涌保护元件(SPC)在正常情况下具有绝缘特性,但是当一个系统内或两个系统间有电涌出现时它还能提供一个有效的等电位连接。这些 SPC 可集成到 SPD 中,如图 4.13 所示。

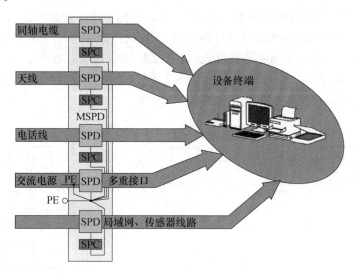

图 4.13　具有 SPC 与 PE 瞬态等电位连接的 MSPD
PE:接地端子

MSPD 应尽量安装在离保护设备(计算机、电话等)距离较近的地方。MSPD 应安装在 LPZ1/2 或 LPZ2/3 交界面,因此其不能用来承受 LPZ0/1 交界面的直击雷电流。表 4.3 给出了 LPZ 和 MSPD 的试验分类之间的关系。

表 4.3　LPZ 和 MSPD 要求的试验分类之间的关系

雷电防护区	国家标准中对 MSPD 的试验分类	IEC 对 MSPD 的试验分类
LPZ0/1	不适用	不适用
LPZ1/2	C_2	II
LPZ2/3	C_1	III

注:除电源和数据端口的电压限制功能之外,MSPD 应满足它所支持的通信/数据接口的传输和安装特性。

4.4　信息系统电涌保护器的测试

4.4.1　电涌保护器结构

本节所述 SPD 的结构如图 4.14 所示。每种 SPD 由一个或多个电压限制元件组成，并可能包含电流限制元件。本节介绍两类基本的 SPD：第一类 SPD 内至少包含一个电压限制元件，但没有电流限制元件，图 4.14a～图 4.14f 均属于这种类型，其中图 4.14b、图 4.14d、图 4.14e 和图 4.14f 所示的 SPD 的线路接线端子和对应的被保护的线路接线端子之间可包含有一个线性元件；第二类 SPD 内装有电压限制元件和电流限制元件，图 4.14b、图 4.14d、图 4.14e 和图 4.14f 所示的 SPD 的结构形式适用于同时包含电压限制元件和电流限制元件的 SPD。

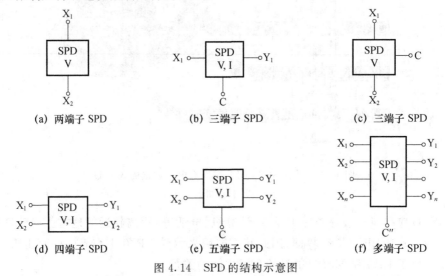

图 4.14　SPD 的结构示意图

V:电压限制元件；V,I:电压限制元件或电压限制元件与电流限制元件的组合；

X_1,X_2 和 X_n:线路端子；Y_1,Y_2 和 Y_n:被保护的线路端子；C:公共端子

4.4.2　电气特性试验

应参考现行国家标准 GB/T 18802.21—2016《低压电涌保护器　第 21 部分：电信和信号网络的电涌保护器(SPD)性能要求和试验方法》进行电气特性试验[3]。

1. 电压限制试验

如果没有其他规定，对所有试验中要求的电源电压或最大中断电压，其试验电压允差为 ＋0％ 和 －5％。如果为直流，最大纹波电压不应超过 5％。如果为交流，试验应

在 50 Hz 或 60 Hz 下进行,除非制造商有其他规定。

共模试验(X_1—C,X—C)是所有电压限制试验所必需的,差模试验(X_1—X_2)是可选的。测量 U_p 的基本电路和国际电信联盟电信标准分局(ITU-T)的试验设置见图 4.15 和图 4.16。

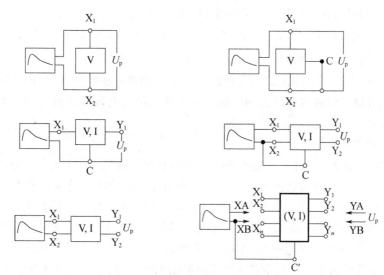

图 4.15　SPD 差模 U_p 测量

V:电压限制元件;V,I:电压限制元件或电压限制元件与电流限制元件的组合;X_1,X_2 和 X_n:线路端子;
Y_1,Y_2 和 Y_n:被保护的线路端子;C:公共端子;XA 和 XB:冲击电流发生器的连接端,依次连接到 X_1,X_2,
X_n 的端子对;YA 和 YB:连接到与测试的 X 端子对相对应的 Y 端子对来测量 U_p;U_p:电压保护水平
注:可能连接到 C 端子来进行 ITU-T 的试验设置。

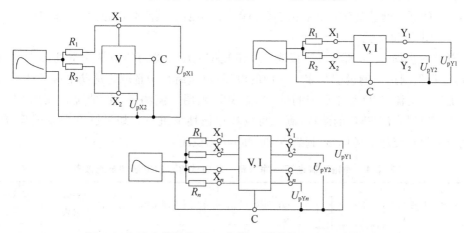

图 4.16　对 C 端子的 SPD 共模 U_p 测量的 ITU-T 试验设置

V:电压限制元件;V,I:电压限制元件或电压限制元件与电流限制元件的组合;X_1,X_2 和 X_n:线路端子;
Y_1,Y_2 和 Y_n:被保护的线路端子;C:公共端子;R_1,R_2 和 R_n:冲击电流的分流电阻(可能是内部的或外部的);
U_{pX1},U_{pX2},U_{pY1},U_{pY2} 和 U_{pYn}:电压保护水平

2. 最大持续运行电压

应在测试绝缘电阻期间对最大持续运行电压 U_c 进行验证。

3. 绝缘电阻

应按两种极性各测一次各对端子的绝缘电阻。试验电压应等于最大持续运行电压 U_c。如果 SPD 的 U_c 有直流值和交流值，SPD 应用直流测量；如果 SPD 的 U_c 只有交流值，也采用直流测量，其直流电压 U_{dc} 应根据交流电压 U_{ac} 计算得出，即 $U_{dc}=\sqrt{2}U_{ac}$。对于有极化结构（依赖于极性）的直流 SPD，试验应仅在单极下进行，应测量流过被测端子间的电流。

绝缘电阻等于装置端子间施加的试验电压除以测量电流且其值应等于或高于制造商给定的值。

4. 冲击限制电压

试验时应把从表 4.4 中 C 类选取的冲击电压施加到适当的端子上。应根据冲击耐受试验确定的 SPD 通流容量选择电流水平。应使用相同的冲击电压进行冲击限制电压和冲击耐受试验。施加正、负极性冲击各五次，所使用的冲击发生器应具有从表 4.4 中选取的开路电压和短路电流。表 4.4 所列的值都是最低要求，对于 A，B 和 D 类，测试冲击限制电压 U_p 不是必须的。其他电涌电流额定值可以在 ITU-T 的 K 系列标准中查找。

在不带负载的情况下，测量每次冲击的限制电压，在适当的端子上测得的最大电压不应超过规定的电压保护水平 U_p。在两次冲击试验之间应有充分的时间防止热量积累。不同的 SPD 存在不同的热特性，因此在两次冲击之间需要有不同的时间。如有需要，可在图 4.14c 和图 4.14e 所示的 X_1—X_2 端子上施加冲击。对图 4.14c 和图 4.14e 所示的 SPD，应分别或同时以相同的极性对每对端子(X_1—C 和 X_2—C)进行试验。带有公共电流通路的 SPD，试验时还应测量没有施加冲击的线路端子上的电压，其值不应超过电压保护水平 U_p。

5. 冲击复位试验

SPD 应按图 4.17 所示进行接线。冲击复位电压和电流值应从制造商的参数表中选取，或根据制造商的说明从表 4.5 中的电压/电流组合中选取。这些电源表征了常用的系统值。交流 SPD 须用交流测试，直流 SPD 须用直流测试，交/直流两用的 SPD 须用直流。根据直流 SPD 的结构，测试可仅在单极性上进行。如果进行交流试验，冲击发生器必须和交流电源同步(通常在 30° 和 60° 相位角)。

表 4.4　冲击限制电压和冲击耐受能力试验用的电压和电流波形

电涌保护器类别	试验类型	开路电压	短路电流	最小试验次数	被试验的端子
A_1	很慢的上升率	$\geqslant 1$ kV, 0.1 kV/μs ~ 1001 kV/s	10 A, $0.1 \sim 2$ A/μs, $\geqslant 1000$ μs(持续时间)	不适用	X_1—C X_2—C
A_2	AC	从表 4.6 中选择试验项目		1 次	X_1—X_2 [b]

续表

电涌保护器类别	试验类型	开路电压	短路电流	最小试验次数	被试验的端子
B_1	慢上升率	1 kV,10/1000 μs	100 A,10/1000 μs	300 次	
B_2		1~4 kV,10/700 μs	25~100 A,5/300 μs	300 次	
B_3		≥1 kV,100 V/μs	10~100 A,5/300 μs	300 次	
C_1	快上升率	0.5~1 kV,1.25/50 μs	0.25~1 kA,8/20 μs	300 次	X_1—C X_2—C X_1—X_2[b]
C_2		2~10 kV,1.25/50 μs	1~5 kA,8/20 μs	10 次	
C_3		≥1 kV,1 kV/μs	10~100 A,10/100 μs	300 次	
D_1	高能量	≥1 kV	0.5~2.5 kA,10/350 μs	2 次	
D_2		≥1 kV	0.6~2.0 kA,10/250 μs	5 次	

注:表中所列的值是最低要求。

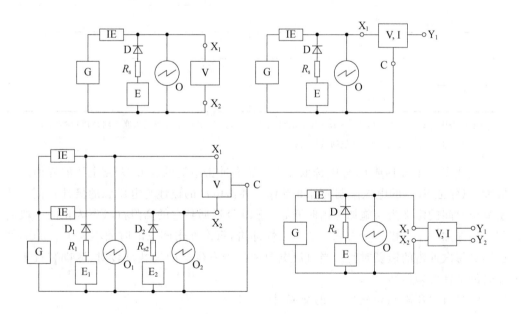

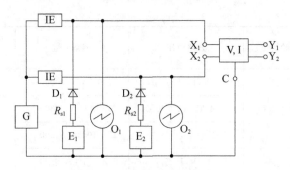

图 4.17　冲击复位时间的试验电路

O,O₁ 和 O₂:示波器;E,E₁ 和 E₂:直流或交流电压源;G:冲击发生器;IE:隔离单元;

R_s,R_{s1} 和 R_{s2}:无感电源电阻;D,D₁ 和 D₂:用于直流电源的二极管,用于交流电源的退耦元件;

V:电压限制元件;V,I:电压限制元件或电压限制元件与电流限制元件的组合;X₁ 和 X₂:线路端子;

Y₁ 和 Y₂:被保护的线路端子;C:公共端子

表 4.5　冲击复位试验用的电源电压和电流

电源开路电压②(V)	电源短路电流(mA)
12	500
24	500
48	260
97	80
135	200①

注:① 表中标有①处表示由 135~150 Ω 的电阻和 0.08~0.10 μF 的电容组成串联支路,SPD 与之并联。

② 表中标有②处表示允差(包括纹波)为±1%。

　　应从表 4.4 的 B₁ 或 C₁ 类中选取冲击电压和冲击电流的波形,开路电压的峰值应足够大,以保证 SPD 的电压限制元件能动作。冲击电压的极性与电压源的极性相同。冲击复位时间的定义为从施加冲击时开始,至 SPD 返回到它的高阻抗状态为止的一段时间。应施加一个正极性冲击和一个负极性冲击,每次冲击间隔的时间不大于 1 min,并应测量每次冲击的恢复时间。当直流电源和冲击发生器的极性反转时,退耦装置中二极管的极性必须反转。

　　6.具有电压限制功能 SPD 的交流耐受试验

　　SPD 应按图 4.18 所示进行接线。应从表 4.6 中选取交流短路电流。在两次试验之间应有足够的时间防止受试器件热量积累。施加电流要达到规定的次数;施加的交流试验电压应足够大,以使 SPD 电压限制元件完全导通。

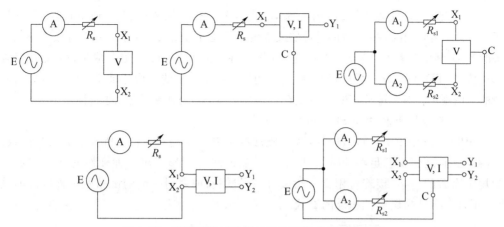

图 4.18　交流耐受试验和过载故障模式的试验电路

A,A₁和 A₂:电流表;E:交流电压源;Rₛ,Rₛ₁和 Rₛ₂:无感电源电阻;

V:电压限制元件;V,I:电压限制元件或电压限制元件与电流限制元件的组合;X₁和 X₂:线路端子;

Y₁和 Y₂:被保护的线路端子;C:公共端子

表 4.6　交流耐受试验电流的有效值

48～62 Hz 下 短路电流有效值[1]（A）	试验持续时间（s）	试验次数（次）[2]	试验端子
0.1	1	5	
0.25	1	5	
0.5	1	5	
0.5	30	1	
1	1	5	X_1—C
1	1	60	X_2—C
2	1	5	X_1—X_2[3]
2.5	1	5	
5	1	5	
10	1	5	
20	1	5	

注:① 表中标有①处表示所列的值为最低要求。

　　② 表中标有②处表示在其他标准(如 ITU-T 的 K 系列标准)中试验次数可能不同。

　　③ 表中标有③处表如有需要时,才应试验端子 X_1—X_2。

　　从表 4.6 中选取的电流应施加到合适的端子上。如制造商或顾客有需要,可另外在如图 4.14c、图 4.14e 和图 4.14f 所示 SPD 的 X—X 端子上施加电流。对图 4.14c、图 4.14e 和图 4.14f 所示的 SPD,可分别对每对端子(X—C 和 X—C)进行试验。

对具有公共电流通路的 SPD 的试验,应使用这些 SPD 在现场安装时使用的连接器或接线端子。另外,应在这些 SPD 的连接器或接线端子处进行测量。对于那些带有接线座或插头的 SPD,其接线座或插头应是测试的一部分。在用接线座进行试验时,应尽量靠近用于外部连接的 SPD 底座(端子模块)的端部进行测量。用于测量的波形记录仪器应符 IEC 对测量的专门规定。对多端子 SPD 应分别在每个线路端子与公共端子之间进行试验。

7. 具有电压限制功能 SPD 的冲击耐受试验

SPD 应按图 4.19 所示进行接线。施加冲击电流要达到表 4.4 所规定的最少次数。在两次试验之间要有足够的时间,以防止试品的热量积累。对一种极性的试验次数应为规定次数的一半,接着对相反极性做另一半试验;或者对一半的试品做一种极性的试验,而另一半试品做极性相反的试验。

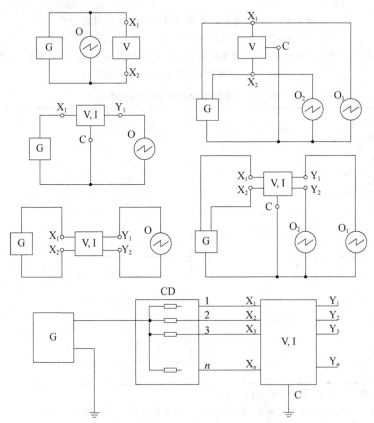

图 4.19　冲击耐受试验和过载故障模式的试验电路

O,O₁ 和 O₂:示波器,用于冲击耐受试验期间监测 Up;G:冲击发生器;CD:分流元件;V:电压限制元件;

V,I:电压限制元件或电压限制元件与电流限制元件的组合;X₁ 和 X₂:线路端子;

Y₁ 和 Y₂:被保护的线路端子;C:公共端子

　　应使用从表 4.4 中 C 类选取的冲击对 SPD 进行试验,并施加到从表 4.4 中选择的合适的端子上。应使用与冲击限制电压试验相同的冲击。可用从 A_1,B,C 和 D 类中选取的,以及在 SPD 文件中列出的其他冲击进行附加的试验。然而,这些试验是可选的,只对适用的 SPD 做这些试验。

　　如有需要,可在图 4.14c 和图 4.14e 所示 SPD 的 X_1—X_2 端子上施加冲击电流。对图 4.14c 和图 4.14e 所示的 SPD,可分别对每对端子(X_1—C 和 X_2—C)进行试验。对图 4.14f 所示的 SPD,如果所有的端子对公共端都有相同的保护电路,选择两个端子作为代表性的样品就足够了。

8. 多端子 SPD 的附加试验

　　多端子 SPD(图 4.14c、图 4.14e 和图 4.14f)的总放电电流可能流过公共元件并连接到接地端,图 4.20 所示为两个例子。所有被保护线路的放电电流等于总放电电流除以线数。同时施加冲击是为证明公共电流路径有足够的通流能力。试验后 SPD 不应损坏。该试验也证明 SPD 的内部连接有足够的通流能力。如果 SPD 的总放电电流等于单根线路冲击电流(如总放电电流为 10 kA,单根线路放电电流为 10 kA),则不需要进行该试验。

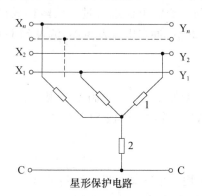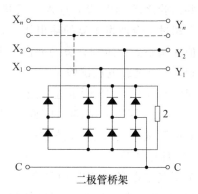

星形保护电路　　　　　　　　　　　　　　　二极管桥架

图 4.20　有公共电流通路的多端子 SPD 的示例

X_1,X_2 和 X_n:接线端子;Y_1,Y_2 和 Y_n:被保护线路端子;C:公共端子;1:独立保护元件;2:公共保护元件

　　耦合网络不应显著影响到试验冲击。C_1 和 C_2 类试验冲击的 8/20 μs 波形的波前和半峰值时间的允差为 $\pm 30\%$。如果无法达到上述的波形参数,可使用制造厂提供的改动过的 SPD 进行试验。试验期间,所有的输入端 X_1 到 X_n 都连接在一起。

9. 过载故障模式

　　SPD 应经受冲击过载和交流过载电流。对图 4.14c、图 4.14e 和图 4.14f 所示的 SPD 进行试验时,可分别对每对端子(X_1—C 和 X_2—C)进行试验。对于 4.14f 所示的 SPD,应选择两个端子进行试验。应采用不同的试品进行冲击电流和交流电流试验。为确定 SPD 是否进入可接受的过载故障模式,应根据使用情况进行绝缘电阻试验、限制电压试验和串联电阻试验。SPD 应在安全的情况下达到过载故障模式,以防止其引起火灾、爆炸、触电危险或释放有毒烟气。过载故障模式的分类如下。

1)模式 1:SPD 的电压限制部分已断开,电压限制功能不再存在,但是线路仍可运行。

2)模式 2:SPD 的电压限制部分已被 SPD 内部一个很小的阻抗所短路,线路不可运行,但是设备仍受到一个短路电路的保护。

3)模式 3:SPD 的电压限制部分网络侧内部开路,线路不运行,但设备仍然受到开路保护。

对于多级 SPD,允许有不同的失效模式(例如 X_1—C 可具有模式 2,X_1—X_2 可具有模式 1)。

10. 冲击过载电流试验

SPD 应按图 4.19 所示进行接线。应将制造商规定的 8/20 μs 冲击电流 i_n 按如下公式施加到 SPD 上:

$$i_{\text{test}} = i_n(1 + 0.5N) \tag{4-1}$$

试验从 $N=0(i_{\text{test}}=i_n)$ 开始,后续的每一个试验 N 均增加 1,最大为 $N=6$。如果在这些试验之后 SPD 没有进入过载状态,则应利用交流电流进行过载故障模式试验。如果 i_n 超过组合波发生器的输出能力,应使用 8/20 μs 冲击电流发生器,流过 SPD 的电流峰值应调整到指定和计算的冲击电流 i_n 值。

11. 交流过载电流试验

SPD 应按图 4.18 所示进行接线。交流过载电流试验值应由制造商规定。电流应施加 15 min。开路电压(50 Hz 或 60 Hz)的幅值应足够高,以使 SPD 完全导通。应调整得到的测试电流为电源的短路电流。

12. 盲点试验

为了确定在多级 SPD 中是否存在盲点,应使用一个新试品进行下列试验。

(1)选取在确定 U_p 时使用过的相同的冲击波形,在施加冲击期间,用示波器测量冲击限制电压和电压波形图。

(2)把开路电压降低至(1)中使用的电压值的 10%,同时用示波器监视施加到 SPD 的正极性冲击限制电压。限制电压波形应与(1)中的不同,否则应选取一个较低的开路电压值,且该电压应大于最大持续运行电压 U_c。

(3)施加(1)中使用的电压值的 20%、30%、45%、60%、75% 和 90% 的正极性冲击,同时连续地监视冲击限制电压的波形。

(4)使用某一百分比开路电压值,当冲击限制电压波形回到(1)中所确定的波形时,停止改变电压。

(5)将开路电压降低 5% 再做试验,以后每次均将开路电压降低 5%,直到获得(2)中记录的波形。

（6）用（5）中的开路电压值，施加两次正极性冲击和两次负极性冲击。在进行了（1）～（6）项的试验之后，SPD 绝缘电阻特性、电压限制等应满足要求。

4.4.3　电流限制试验

1. 额定电流

SPD 应按图 4.21 所示进行接线。电源应能提供要求的额定电流。频率应为 0 Hz（直流）、50 Hz 或 60 Hz。交流 SPD 应用交流测试，直流 SPD 应用直流测试，交直流 SPD 应用直流测试。在额定电流试验期间，电流限制功能应不起作用。对各种结构的 SPD，应通过调节电阻 R_s 或 R_{s1} 和 R_{s2} 来施加试验电流。接受试验的电流限制功能通过额定电流的时间最少应达 1 h。在试验期间内，可接触的部件不应过热。

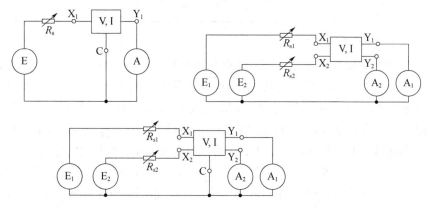

图 4.21　检验额定电流、串联电阻、响应时间、电流恢复时间、最大中断电压和动作负载的试验电路

A，A_1 和 A_2：电流表；E，E_1 和 E_2：交流电压源；R_s，R_{s1} 和 R_{s2}：无感电源电阻；

V，I：电压限制元件或电压限制元件与电流限制元件的组合；X_1 和 X_2：线路端子；

Y_1 和 Y_2：被保护的线路端子；C：公共端子

2. 串联电阻

SPD 应按图 4.21 所示进行接线。试验电源电压应为 U_c。频率应为 0 Hz（直流）、50 Hz 或 60 Hz。交流 SPD 应用交流测试，直流 SPD 应用直流测试，交直流 SPD 应用直流测试。应通过调节电阻 R_s 或 R_{s1} 和 R_{s2} 使试验电流等于额定电流。电阻值由公式 $(e - IR_s)/I$ 确定，其中 e 是电源电压，I 是图 4.21 中电流表测量的额定电流。

3. 电流响应时间

SPD 应按图 4.21 所示进行接线。试验电源电压应为 U_c。频率应为 0 Hz（直流）、50 Hz 或 60 Hz。交流 SPD 应用交流测试，直流 SPD 应用直流测试，交直流 SPD 应用直流测试。SPD 应在温度为 25 ± 10 ℃，相对湿度为 $25\% \sim 75\%$ 的环境下测试。两次测试之间应有足够的时间间隔，以确保在下一次测试前试品冷却至试验温度。可通过

调节 R_s 或 R_{s1} 和 R_{s2} 来得到如表 4.7 中所需的预期测试电流。对每一次试验电流应记录电流限制功能的响应时间。响应时间是指从通电开始到电流降低至 10% 的额定电流为止的一段时间。如果预期试验电流超过电流限制元件的最大通流容量,那么最大试验电流应等于电流限制元件的最大通流容量。

表 4.7　测量响应时间的试验电流

试验电流(A)
1.5×额定电流
2.1×额定电流
2.75×额定电流
4.0×额定电流
10.0×额定电流

4. 电流恢复时间

SPD 应按图 4.21 所示进行接线。试验电源电压应为 U_c。频率应为 0 Hz(直流)、50 Hz 或 60 Hz。交流 SPD 应用交流测试,直流 SPD 应用直流测试,交直流 SPD 应用直流测试。对于每一种 SPD 结构,可通过调节电阻 R_s 或 R_{s1} 和 R_{s2},使起始负载电流等于额定电流。应让 SPD 稳定在额定电流,稳定之后应调小电阻 R_s 或 R_{s1} 和 R_{s2},使负载电流升高到能使 SPD 的电流限制元件动作的电流值。当试验电流下降到小于额定电流的 10% 后,维持该试验状态 15 min。然后再将电阻 R_s 或 R_{s1} 和 R_{s2} 调高到初始值,记录使负载电流恢复到 90% 额定电流所用的时间,这个时间应小于 120 s。根据应用的情况,对于自恢复电流限制功能,也可在电流低于额定电流的情况下进行试验。对于可自恢复的电流限制元件,电源电流被遮断的时间应小于 120 s。

5. 最大中断电压

SPD 应按图 4.21 所示进行接线。试验电压应为制造商规定的最大中断电压。频率应为 0 Hz(直流)、50 Hz 或 60 Hz。交流 SPD 应用交流测试,直流 SPD 应用直流测试,交直流 SPD 应用直流测试。应调节电阻 R_s 或 R_{s1} 和 R_{s2},使得 SPD 的电流限制元件动作,并应在该状态下保持 1 h。

6. 动作负载试验

SPD 应按图 4.21 所示进行接线。试验电压应为制造商规定的最大中断电压。频率应为 0 Hz(直流)、50 Hz 或 60 Hz。交流 SPD 应用交流测试,直流 SPD 应用直流测试,交直流 SPD 应用直流测试。对于每一种 SPD 结构,利用短接来临时代替 SPD,应借助调节电阻 R_s 或 R_{s1} 和 R_{s2},把负荷电流调整为从表 4.8 中选取的值,所选用的值应足够使电流限制功能启动。在 SPD 插入到电路中之后,注入试验电流,直到电流降至低于 10% 的额定电流为止。

表 4.8　动作负载试验电流的有效值

电流有效值(A)	试验次数(次)
0.5	60
1	10
3	5
5	5
10	3

SPD 动作后,把电源断开至少 2 min,或者到电流限制元件恢复初始状态为止。这种循环(施加试验电流,紧接着停电一段时间)应重复进行,直到达到表 4.8 给出的次数为止。在最后一次循环之后,SPD 串联电阻阻值、电流响应时间、电流恢复时间等应满足要求。

7. 具有电流限制功能 SPD 的交流耐受试验

SPD 应按图 4.22 所示进行接线。应从表 4.9 中选取交流短路电流值。试验要达到规定的次数。在两次试验之间要有足够的时间,以防止试品的热量积累。交流电源电压的峰值不应超过制造商规定的最大中断电压。在试验前和完成注入要求次数的交流电流之后,SPD 额定电流、串联电阻阻值、电流响应时间等应满足要求。电流可注入到从表 4.9 中选择的合适的端子上。如果需要对三端子和五端子 SPD 进行试验,电流可注入到 X_1—X_2 端子上。在试验三端子和五端子 SPD 时,可同时或分别以相同的极性来试验未受保护侧的每对端子(X_1—C 和 X_2—C)。

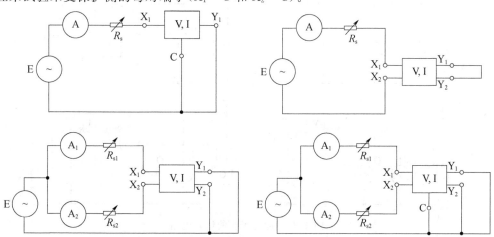

图 4.22　交流耐受的试验电路

A,A_1 和 A_2:电流表;E:交流电源;R_s,R_{s1} 和 R_{s2}:无感电源电阻;
V,I:电压限制元件或电压限制元件与电流限制元件的组合;X_1 和 X_2:线路端子;
Y_1 和 Y_2:被保护的线路端子;C:公共端子

表 4.9　交流试验电流的有效值

48~62 Hz 下短路电流有效值(A)	试验持续时间(s)	试验次数(次)	试验端子
0.25	1	5	
0.5	1	5	
0.5	30	1	
1	1	5	X₁—C
1	1	60	X₂—C
2	1	5	X₁—X₂
2.5	1	5	
5	1	5	

8. 具有电流限制功能 SPD 的冲击耐受试验

SPD 应按图 4.23 所示进行接线。应从表 4.10 中选择冲击电压和冲击电流。试验要达到规定的次数。在两次试验之间要有足够的时间,以防止试品的热量积累。对一种极性的试验次数应为规定次数的一半,接着对相反极性做另一半试验。或者,对一半的试品做一种极性的试验,而另一半试品做相反极性的试验。在试验前和完成规定次数的试验之后,SPD 额定电流、串联电阻阻值、电流响应时间等应满足要求。

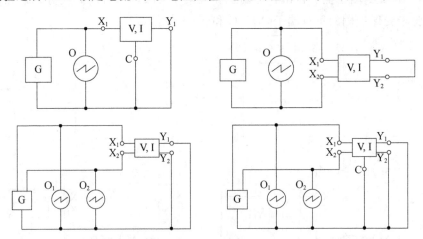

图 4.23　冲击耐受的试验电路

O,O₁ 和 O₂:示波器,用于冲击耐受试验期间监测 U_p;G:冲击发生器;

V,I:电压限制元件或电压限制元件与电流限制元件的组合;X₁ 和 X₂:线路端子;

Y₁ 和 Y₂:被保护的线路端子;C:公共端子

表 4.10　冲击电流的有效值

开路电压	短路电流	试验次数（次）	试验端子
1 kV	100 A,10/1000 μs	30	
1.5 kV,10/700 μs	37.5 A,5/320 μs	10	X_1—C
最大中断电压	25 A,10/1000 μs	30	X_2—C
4 kV,1.2/50 μs	2 kA,8/20 μs	10	X_1—X_2

　　应从表 4.10 中选取冲击电流并注入到合适的端子上。对三端子和五端子 SPD 进行试验时，电流可注入到 X_1—X_2 端子上。在试验三端子和五端子 SPD 时，可同时或分别以相同的极性来试验未受保护的每对端子（X_1—C 和 X_2—C）。在试验时，可要求用小电流熔断器把 I^2t 水平降到 SPD 的额定值之内。电子限流器（例如以电弧方式工作的气体放电管）可设计为随着最小保护的负荷阻抗或电压而动作。如有需要，这种电子限流器应增加到试验电路中。

4.4.4　传输特性试验

1. 电容

SPD 的电容用信号发生器测量，其选定的测量频率为 1 MHz，电压为 1 V（有效值）。每次测量一对端子，所有未参与测量的端子连接在一起，并在信号发生器处接地。不应施加直流偏置。应注意某些 SPD 的电容是与偏置电压有关的，在某些应用中这种偏置电压可只出现于一对通信线的一条线上，从而导致电容明显不平衡。

2. 插入损耗

插入损耗是两个测量值之间的差，它是利用最长为 1 m，并具有合适的特性阻抗的导线来测量的，其可以利用如图 4.24 所示的电路进行测量。先采用短接代替 SPD，然后再插入 SPD 分别进行测量，测量值以分贝（dB）为单位。在传输的频率范围内，测得的图 4.24 中平衡-不平衡转换器和测试导线的综合损耗不应超过 3 dB。应在 SPD 预定使用的传输应用频率范围内测量和记录插入损耗。表 4.11 给出了特性阻抗、频率范围和电缆类型的标准参数，推荐的试验电平为 −10 dB·m。

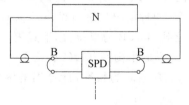

图 4.24　插入损耗的试验电路

N:网络分析仪；B:平衡-不平衡转换器

表 4.11　特性阻抗、频率范围和电缆类型的标准参数

频率范围 f	特性阻抗 $Z_0(\Omega)$	电缆类型
300 Hz～4 kHz	600	双绞线
4 kHz～250 MHz	100,120 或 150	双绞线
≤1 GHz	50 或 75	同轴电缆
>1 GHz	50	同轴电缆

3. 回波损耗

回波损耗是利用最长为 1 m,并具有合适的特性阻抗的导线来测量的。利用如图 4.25 所示的电路,采用短接线来代替 SPD,然后再插入 SPD 分别进行测量,测量值以 dB 为单位。表 4.11 给出了特性阻抗、频率范围和电缆类型的标准参数,推荐的试验电平是－10 dB·m。

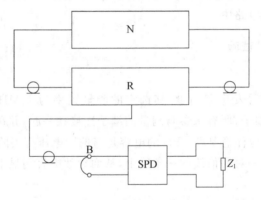

图 4.25　回波损耗的试验电路

N:网络分析仪;R:反射电桥;B:平衡-不平衡转换器;Z_1:终端阻抗,其值为 100 Ω、120 Ω 或 150 Ω

将信号施加到 SPD 上,可在施加信号的端子上测量由于阻抗不连续而被反射回来的反射信号。应在 SPD 预定使用的传输应用频率范围内测量和记录回波损耗。

4. 纵向平衡试验/纵向转换损耗试验

图 4.26 是三端子、四端子和五端子 SPD 平衡试验的接线。对于四端子和五端子 SPD 应采用开关 S_1 断开和闭合两种情况来进行试验。纵向平衡是施加的纵向电压 V_s 与受试 SPD 的合成电压 V_m 之比,以 dB 为单位,用下式表示:

$$纵向平衡 = 20\lg(V_s/V_m) \tag{4-2}$$

上述公式中,信号 V_s 和 V_m 有相同的频率,计算出的纵向平衡相当于 ITU-T 规定的纵向转换损耗(LCL)。

高频范围要求更高的准确性,因此需要用不平衡变压器来装配 SPD,而不是用图 4.26 所示的电阻。横向阻抗 Z_1 和纵向阻抗 Z_2 的测试电桥配置并不代表所有的实际

情况。预期的传输特性值及其限制,如频率范围和电压、终止阻抗和测量频率的特殊情况,在相关 ITU-T 资料中有给出。在 190 kHz 不同频率范围内的阻抗值如表 4.12 所示。除非另有规定,否则试验应在递增频率下进行。例如,模拟电路的 SPD 可在频率为 200 Hz、500 Hz、1000 Hz 和 4000 Hz 处进行试验,ISDN 数字电路的 SPD 可在频率为 5 kHz、60 kHz、160 kHz 和 190 kHz 处进行试验,非对称数字用户线路(ADSL)和超高速数字用户线路(VDSL)的 SPD 频率应更高。测量安排的固有纵向平衡应超出 SPD 的极限设置 20 dB,如果 SPD 的纵向平衡受到直流偏置电压的影响,那么应在每个 SPD 端子处施加适当的直流偏压进行试验。

当纵向转换损耗取决于 SPD 的串联匹配电阻时,纵向平衡值可规定为串联电阻最大偏差值或串联电阻之间差值的百分比。

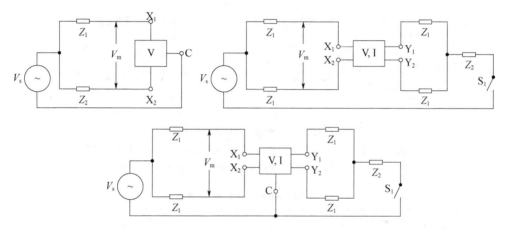

图 4.26　纵向平衡的试验电路

V_s:干扰共模电压(纵向);V_m:差模电压(导线间);Z_1 和 Z_2:终端阻抗;

V:电压限制元件;V,I:电压限制元件或电压限制元件与电流限制元件的组合;X_1 和 X_2:线路端子;

Y_1 和 Y_2:被保护的线路端子;C:公共端子;S_1:开关

表 4.12　纵向平衡试验的阻抗值

频率范围 f	电路类型	横向阻抗 $Z_1(\Omega)$	纵向阻抗 $Z_2(\Omega)$
$\leqslant 4$ kHz	模拟电路	300	150
$\leqslant 190$ kHz	ISDN 数字电路	55 或 67.5	20～40
高达 30 MHz	ADSL2＋,VDSL	67.5	20～40

注:① 测试设定的和实际的纵向平衡间的真正差异,在某种程度上取决于终端输入阻抗,因此这一分析适用于几乎所有合理的输入阻抗。

② 指定 Z_1 和 Z_2 的详细信息,见相关产品标准。

③ Z_2 应为 Z_1 的一半。

5. 误码率

误码率(BER),即用误码数目除以总码数,可以用来判定通信或数据存储产品的性能,如图 4.27 所示为检验误码率的试验电路。例如,在传输 100000 个码中有 2.5 个不正确,其误码率即为 2.5×10^{-5}。误码率测试可用来测量插入 SPD 后造成的变化,不同传输速率的测试时间如表 4.13 所示。

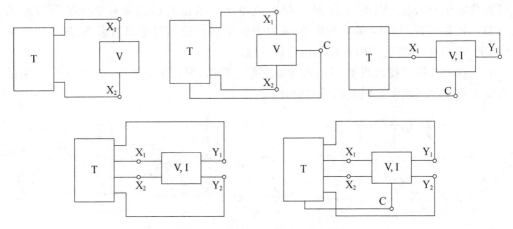

图 4.27 检验误码率的试验电路

T:BER 检测器;V:限制元件;V,I:电压限制元件或电压限制元件与电流限制元件的组合;

X₁ 和 X₂:线路端子;Y₁ 和 Y₂:被保护的线路端子;C:公共端子

表 4.13 BER 试验的测试时间

伪随机位模式 R(kbit/s)	试验时间(min)
$R<64$	60
$64 \leqslant R<1554$	30
$R \geqslant 1554$	10

6. 近端串扰

串扰是按图 4.28 所示电路,在一个端部接到 SPD 的短的平衡试验导线上测量的。一个平衡的输入信号传输到被 SPD 干扰的线路上,可在靠近试验导线端部测量被干扰线路上的感应信号。推荐的试验信号为 -10 dB·m。在传输频率范围内,平衡-不平衡转换器和试验导线综合的测量损耗不应超过 3 dB。应在 SPD 使用的传输频率范围内测量和记录近端串扰(NEXT)。

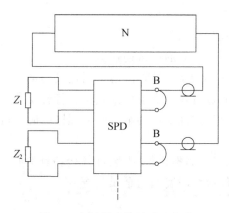

图 4.28　近端串扰的试验电路

N:网络分析仪;B:平衡-不平衡转换器;Z_1 和 Z_2:终端阻抗

4.4.5　机械特性试验

1. 接线端子和连接器

（1）接线端子和连接器应固定在 SPD 上,即使在拧紧和旋松夹紧螺钉或锁紧螺母时,接线端子和连接器也不应松动。应使用工具来拧紧和旋松夹紧螺钉或锁紧螺母。

（2）螺钉、载流部件和连接件。

1）无论是电气连接还是机械连接,都应能承受正常使用情况下出现的大电流以及冲击产生的机械应力。安装时不要使用自攻丝型的螺钉固定 SPD。

2）在设计电气连接时,除金属部件具有足够的弹性能够补偿绝缘材料的任何可能的收缩或变形外,其他情况下接触压力均不应通过绝缘材料来传递（陶瓷、纯云母或其他具有同样特性的材料除外）。应通过直观检查来验证其是否符合要求,根据几何尺寸大小来考虑材料的适用性。

3）载流部件和连接件,包括用于接地的导体的材料应是:

① 铜;

② 对于冷加工零件,是至少含铜 58% 的合金;

③ 对于非冷加工零件,是至少含铜 50% 的合金,或是耐腐蚀性不比铜差并具有同样合适机械特性的其他金属或适当镀复层的金属。

（3）外部连接件用的无螺钉型接线端子。

1）接线端子的设计和制造,应满足:

① 每根导线是单独被夹紧的,且这些导线可同时或各自分别地接入或拆除;

② 可牢固地夹紧所提供最大数目的导线。

2）接线端子的设计和制造,应使其在夹紧导线时不会过度损伤导线。应通过直观检查来验证其是否符合要求。

(4)绝缘穿刺连接外部导线。

1)绝缘穿刺的连接应为可靠的机械连接。

2)对于产生接触压力的螺钉,不应再用于固定其他的元件,即使它们可固定 SPD 或者可防止其转动。应通过直观检查来验证其是否符合要求。

3)不应用软金属或容易塑性变形的金属制造螺钉。应通过直观检查来验证其是否符合要求。

(5)耐腐蚀金属。除了夹紧螺钉外,夹紧件还包括锁紧螺母、夹卡、止推垫圈、金属线和类似的零件。夹紧件应由耐腐蚀的金属制造。

2. 一般试验程序

(1)按制造商的建议安装 SPD,并防止 SPD 受到外部过热或过冷的影响。

(2)除非另有规定,否则在采用最严格接线配置(如最大、最小截面积)的导线连接到 SPD 的端子上时:

1)对既有线路端子又有被保护线路端子的 SPD,应符合表 4.14 的规定;

2)对其他 SPD,应符合制造商的说明书要求。

(3)应把被试验的 SPD 固定在一块厚度约为 20 mm,刷有黑漆的暗色木板上。固定的方法应符合制造商建议的有关安装措施的要求。试验期间,不允许维修或拆卸试品。

表 4.14　铜导线连接的截面积

SPD 的最大额定电流(A)	被夹紧导线标称截面积的范围	
	截面积(mm²)	AWG 端子规格
≤1	0.1~1.0	26~18
>1 且≤13	1.0~2.5	18~14
>13 且≤16	2.5~4.0	18~22

3. 带有螺钉的接线端子

(1)应通过直观检查来验证其是否符合要求。对接在 SPD 的螺钉应通过拧紧和旋松螺钉试验进行检查。

1)与绝缘材料螺纹相啮合的螺钉,应重复 10 次。

2)对其他所有的情况,应重复 5 次。

(2)旋入绝缘材料螺纹的螺钉或螺母,每次要完全旋出之后再旋入。要使用合适的测试螺钉起子或扳手,并施加制造商所建议的力矩进行测试。拧紧螺钉时不应用力过猛。每次旋松螺钉后,要将导线取出。

(3)试验时,螺钉连接件不应松动或发生诸如螺钉断裂,螺钉头部槽口、螺纹、垫圈损坏等情况,以免影响 SPD 的使用。此外,还应避免损坏外壳和盖板。

4. 无螺钉型的接线端子

(1)对两端口 SPD,在接线端子上接入的新导线类型和最大、最小截面积应按表 4.14 选取;对一端口 SPD,应按制造商给出的值选取。

(2)沿每根导线轴向施加如表 4.15 所示的拉力,持续时间为 1 min。切记不要用力过猛。

(3)在试验期间,接线端子上的导线不应移动或有任何损坏的迹象。

表 4.15　无螺钉型接线端子的拉力

截面积(mm²)	0.50	0.75	1.00	1.50	2.50	4.00
拉力(N)	30	30	35	40	50	60

5. 绝缘穿刺的连接

(1)设计使用单芯导线的 SPD 端子的拉脱试验。应按规定把最小或最大横截面积的新铜导线(无论是实心线还是绞股线,以最不利者为准)接到端子上,如有螺钉需按制造商的建议拧紧。导线接入和拆卸重复 5 次,每次都要用新导线;在每次接入后,沿导线轴向施加一个表 4.15 中给出的拉力,持续时间 1 min 且不应用力过猛。在试验期间,接线端子上的导线不应移动或有任何损坏的迹象。

(2)设计使用多芯电缆的 SPD 端子的拉脱试验,其拉力不是施加在单根缆芯上,而是施加在整个多芯电缆上的。在试验时,电缆不应滑脱出端子。可按下式计算拉力:

$$F = F(x)\sqrt{n} \tag{4-3}$$

式中:F 是施加的总力;n 是缆芯的根数;$F(x)$ 是以单根导线截面积计算的单根缆芯受到的拉力,见表 4.15。

6. 机械强度

应通过检查证实 SPD 在安装和使用期间具有承受外力的合适机械强度。

7. 防直接接触

(1)绝缘部件。试品按正常使用情况安装,并接有最小截面积的导线。另外,还要用最大截面积的导线重做试验(表 4.14),并在每个可能的位置采用标准试验指进行试验。对于插入式 SPD(不用工具就可改变其接线),当插头部分插入或全部插入插座时,在每个可能的位置采用标准试验指进行试验,并通过验电指示器(电压大于 40 V 且小于 50 V)显示与有关部件的接触情况。

(2)金属部件。当 SPD 按正常使用情况安装和接线时,除用以固定底座、外壳和盖板与带电部件绝缘的小螺钉等物件外,其他可触及的金属部件应通过一个低阻连接线与大地连接。将 1.5 倍额定电流或 25 A 的电流(取较大者,电流由空载电压不超过 12 V 的交流电源产生)依次施加在接地端子与各个可触及的金属部件之间,测量接地端子与可触及的金属部件之间的电压降,并根据电流和电压降计算电阻,电阻值不应超过 0.05 Ω。应注意,测量探头的尖端与被试金属部件之间的接触电阻不得影响试验结果。

8.阻燃试验

(1)在下列条件下,进行灼热丝试验。

1)在 850 ± 15 ℃的温度下,对 SPD 中用绝缘材料制成的能够把载流部件和保护电路的部件保持在位置上的必要外部零件进行试验。

2)在 650 ± 10 ℃的温度下,对所有由绝缘材料制成的其他零件进行试验。

(2)对于本试验而言,平面安装式的 SPD 的基座可看作是外部零件。对由陶瓷材料制成的部件不进行本试验。如果绝缘件是由同一种材料制成,则仅对其中一个零件按相应的灼热丝试验温度进行试验。

(3)灼热丝试验可用来保证电加热的试验丝在规定的试验条件下不会引燃绝缘部件;或保证在规定的条件下被加热的试验丝点燃的绝缘材料部件在一个有限时间内燃烧。

(4)试验在一台试品上进行。如有疑问,可再用两台试品重复此项试验。试验期间,试品处于其规定使用的最不利的位置(被试部件的表面处于垂直位置)。

(5)考虑到在规定的使用条件下,发热的元件可能与试品接触的情况,灼热丝的顶端应施加在试品规定的表面上。

(6)如果试品上没有可见的火焰和持久火光,或在灼热丝移走之后试品上的火焰和火光在 30 s 内自行熄灭,薄绵纸不着火或松木板不被烤焦,则试品通过灼热丝试验。

4.4.6　环境试验

1. 高温度和高湿度耐受试验

SPD 应按选取的时间持续暴露在高温度和高湿度的环境中,其温度为 80 ± 2 ℃,相对湿度为 $90\%\sim96\%$。应利用图 4.29 中合适的试验电路对 SPD 进行试验。在整个试验过程中,应由交流或直流电源给 SPD 供电。电源电压应等于规定的最大持续运行电压 U_c,该电源应有足够的电流容量供 SPD 试品汲取电流。经试验后,应把 SPD 冷却到 23 ± 2 ℃的环境温度。

2. 冲击电涌下的环境循环试验

SPD 应暴露在无凝露的循环环境中,其循环的持续时间与表 4.16 中选取的循环相对应。在试验期间,应使用具有表 4.4 规定特性的冲击发生器施加从表 4.4 中 C 类选取的足够大的开路电压。

当选择循环 A 时,在连续的 5 d 循环中每 1 d 施加 2 次冲击电流,随后 2 d 不施加冲击电流(图 4.30);而在选择循环 B 时,在温度循环的第一天和最后一天,应各施加 2 次冲击电流(图 4.31)。在做冲击电流试验时,应在温度为表 4.16 给出的温度上限 T_1 时施加 1 次冲击,在温度为表 4.16 给出的温度下限 T_2 时施加 1 次冲击;应在温度上或下限的恒定段中心前后 1 h 范围内施加冲击。在同一天施加的冲击电流应具有相同的极性,在后一天应采用相反的极性。该程序应重复进行,直到环境循环完成。

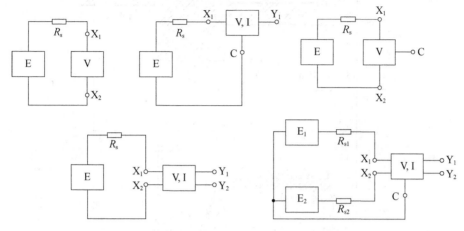

图 4.29　高温度/高湿度耐受试验和环境循环的试验电路

E,E$_1$ 和 E$_2$:直流或交流电压源;R$_s$,R$_{s1}$ 和 R$_{s2}$:无感电源电阻;

V:电压限制元件;V,I:电压限制元件或电压限制元件与电流限制元件的组合;X$_1$ 和 X$_2$:线路端子;

Y$_1$ 和 Y$_2$:被保护的线路端子;C:公共端子

表 4.16　环境循环试验中温度和持续时间的有效值

循环类型	温度上限 T$_1$(℃)	温度下限 T$_2$(℃)	持续时间(d)
循环 A	32±2	4±2	30
循环 B	40 或 55±2	25±3	5

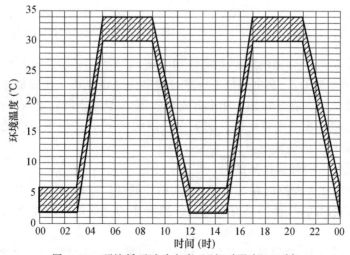

图 4.30　环境循环试验方案 A(相对湿度≥90%)

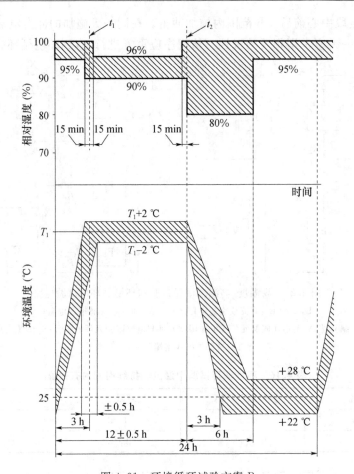

图 4.31　环境循环试验方案 B

T_1：上限温度，40 ℃或 55 ℃；t_1：温度上升结束的时间；t_2：温度下降开始的时间

应采用图 4.29 中合适的试验电路对 SPD 进行试验。在整个循环中，应由直流电源供电，该直流电源的正、负电压值不应超过规定的额定电压。在施加冲击电流时，不应给 SPD 供直流电。在每次施加冲击电流期间，应测量冲击限制电压。在每次冲击试验后的 1 h 之内，应测量绝缘电阻。如果在已知 SPD 对直流电源极性敏感的情况下，应测试正、负极性下的绝缘电阻。

3. 交流电涌下的环境循环试验

SPD 应暴露在无凝露的循环环境中，其循环的持续时间与表 4.16 中选取的循环相对应。在试验期间，应使用具有足够大开路电压的交流电压发生器，其短路电流从表 4.6中选取。

当选择循环 A 时，在连续的 5 d 循环中每 1 d 施加 2 次交流电涌电流，随后 2 d 不施加交流电涌电流;而在选择循环 B 时,在温度循环的第一天和最后一天,应各施加 2 次交流电涌电流。每 1 d 施加 2 次交流电涌电流,1 次在温度为表 4.16 给出的温度上限 T_1 时施加,1 次在温度为表 4.16 给出的温度下限 T_2 时施加;应在温度上限或下限的恒定段中心前后 1 h 范围内施加交流电涌电流。该程序应重复进行,直到环境循环完成。

　　应采用图 4.29 中合适的试验电路对 SPD 进行试验。在整个循环中,应由直流电源供电,该直流电源的正、负电压值不应超过规定的额定电压。在施加交流电流时,不应给 SPD 供直流电。在每次施加电流期间,应测量交流限制电压。在每次交流电涌试验后的 1 h 之内,应测量绝缘电阻。如果在已知 SPD 对直流电源极性敏感的情况下,应测试正、负极性下的绝缘电阻。在环境循环结束后的 1 h 内,电压限制功能应满足冲击限制电压和绝缘电阻的要求。

参考文献

[1] 李祥超,赵学余,姜长稷,等.电涌保护器(SPD)原理与应用[M].北京:气象出版社,2010.

[2] 中国电器工业协会,全国避雷器标准化技术委员会.低压电涌保护器 第 22 部分:电信和信号网络的电涌保护器 选择和使用导则:GB/T 18802.22—2019[S].北京:中国标准出版社,2019.

[3] 中国电器工业协会,全国避雷器标准化技术委员会.低压电涌保护器 第 21 部分:电信和信号网络的电涌保护器(SPD)性能要求和试验方法:GB/T 18802.21—2016[S].北京:中国标准出版社,2016.

第 5 章　信息系统雷电防护检测

5.1　信息系统防雷系统保护检测项目

1. 系统环境检测

检查机房所在建筑物的防雷装置年度检测报告。机房建筑物雷电防护措施相关数据满足电子信息系统防雷要求的,可参照其检测结果使用;无年度检测报告的,应根据GB/T 21431—2015《建筑物防雷装置检测技术规范》的要求对机房所在建筑物的防雷装置进行如下检测[1]。

(1)记录机房所在建筑物总层数、周边环境、机房所在的楼层和机房面积。

(2)检查需要保护的电子信息系统网络结构、设备分布及类型、耐受冲击电压额定值及所要求的电磁场环境,绘制设备布置简图。

(3)确定电子信息系统机房所处的防雷区。

(4)确定电子信息系统的雷电防护等级。

(5)查阅曾经遭受过雷击的灾害历史记录。

2. 室外设备检测

(1)检查用于保护室外电子设备或天线的接闪器类型、安装位置、安装高度、材料规格,测量被保护设备或天线的高度及与接闪器的距离,计算并确定是否处于接闪器保护范围 $LPZ0_B$ 之内。

(2)检测室外设备直击雷防护装置的接地、引下线的设置、连接工艺以及接地电阻。如需利用建筑物外部防雷装置,可参照其年度检测报告使用。

(3)测量室外设备与建筑物防雷装置等电位连接导体的材料规格和电气连通,过渡电阻应不大于 0.2 Ω。

(4)检查室外线缆的屏蔽措施,测量屏蔽体与防雷装置等电位连接导体的材料规格和电气连通,过渡电阻应不大于 0.2 Ω。

(5)检测室外设备电源 SPD 和信号 SPD,应符合本节的检测规定。

3. 供电电源检测

(1)高压供电应查明架空、埋地形式,架空时是否有防雷措施(接闪线、避雷器、杆塔接地状况等），输电电压值等。低压配电应查明变压器的防雷措施，低压配电接地形式，低压供电线路的敷设方法，总配电柜（盘）、分配电盘的位置等。

（2）用 N-PE 环路电阻测试仪测试从建筑物内总配电柜（箱）引出的分支线路上的中性线（N）与保护线（PE）之间的阻值，确定配电线路的接地形式，应采用 TN-S 系统。

（3）测试机房的供电电源的频率、电压、相数和电源参数变化范围，应符合规定。用万用表或电压表测量机房配电柜（箱）或不间断电源（UPS）输出端的 N-PE 干扰电压，宜不大于 2 V。

4. 等电位连接与共用接地系统检测

（1）检查等电位连接网络形式。当电子信息系统为 300 kHz 以下的模拟线路时，可采用 S 型等电位连接；当为兆赫级数字线路时，应采用 M 型等电位连接，每台设备的等电位连接线的长度不宜大于 0.5 m，并宜安装两根等电位连接线于设备的对角处，其长度相差宜为 20%。

（2）用游标卡尺测量等电位连接导体和接地端子板材料规格。防雷装置各连接部件的材料规格应符合表 5.1 的规定。

表 5.1　防雷装置各连接部件最小截面积

等电位连接部件		材料	截面积（mm²）
等电位连接带（铜、外面镀铜的钢铁或热镀锌钢）		铜，铁	50.0
从等电位连接带至接地装置或 各等电位连接带之间的连接导体		铜	16.0
		铝	25.0
		铁	50.0
从屋内金属装置至等电位连接带的连接导体		铜	6.0
		铝	10.0
		铁	16.0
连接 SPD 的导体	电气系统	Ⅰ级试验的 SPD	6.0
		Ⅱ级试验的 SPD	2.5
		Ⅲ级试验的 SPD	1.5
	电子系统	D₁ 类 SPD	铜 1.2
		其他类 SPD（连接 导体的截面积可 小于 1.2 mm²）	根据具体情况确定

（3）应用等电位连接测试仪检测以下部位与接地基准点之间的等电位连接状况。

1）机房等电位连接网络（多点测试）。

2）在 LPZ0_A 或 LPZ0_B 与 LPZ1 交界处设置的总等电位接地端子板。

3）机房所处楼层设置的等电位接地端子板。

4）机房设置的局部等电位接地端子板。

5）配电柜（箱）内部的 PE 排及外露不带电金属体。

6）UPS 及电池柜金属外壳。

7）各电气和电子设备的金属外壳。

8）各设备机柜、机架。

9）机房内消防设施、其他配套设施的金属外壳。

10）光缆的金属接头、金属护层、金属挡潮层、金属加强芯。

11）金属管、配线架（槽）。

12）屏蔽线缆金属外层。

13）电子设备的防静电接地、安全保护接地、功能性接地、SPD 接地。

14）金属门、窗、隔断。

15）防静电地板支架（多点测试）。

（4）电子信息系统设备等电位连接的过渡电阻应不大于 0.2 Ω。

（5）检查机房的接地系统，应符合以下要求。

1）电子信息系统不应设独立的接地装置，防雷接地与交流工作接地、直流工作接地、安全保护接地应共用一组接地装置。

2）接地装置应优先利用建筑物的自然接地体。

3）机房设备接地线不应从接闪器、铁塔、防雷引下线直接引入。

4）电子信息设备机房的等电位连接网络可直接利用机房内墙结构柱主筋引出的预留接地端子接地。

（6）用毫欧表测量两相邻建筑物接地装置的电气贯通情况，如测得阻值不大于 1 Ω，判定为电气贯通；如测得阻值大于 1 Ω，则判定为各自独立接地。当建筑物与相邻近的建筑物之间有电气和电子系统的线路连通，宜将其接地装置互相连接。

（7）检测接地装置的接地电阻值，应按电子设备要求的最小值确定。常用电子信息系统接地电阻值见表 5.2。

表 5.2　接地电阻（或冲击接地电阻）允许值

接地装置的主体	电阻允许值（Ω）	接地装置的主体	电阻允许值（Ω）
安全防范系统	≤4	天气雷达站	≤4
电子信息系统机房	≤4	配电电气装置 A 类 或配电电气装置 B 类	≤4
卫星地球站	≤5	移动基站	≤10

接地装置的主体	电阻允许值(Ω)	接地装置的主体	电阻允许值(Ω)
火灾自动报警及 消防联动控制系统	≤4		

注：① 建造在野外的安全防范系统,其接地电阻不得大于 10 Ω;在高山岩石土壤电阻率大于 2000 Ω•m 处时,
其接地电阻不得大于 20 Ω。

② 电子信息系统机房宜将交流工作接地(要求接地电阻不得大于 4 Ω)、交流保护接地(要求接地电阻不得
大于 4 Ω)、直流工作接地(按计算机系统具体要求确定接地电阻值)、防雷接地共用一组接地装置,其接
地电阻按其中最小值确定。

③ 雷达站共用接地装置的接地电阻在土壤电阻率小于 100 Ω•m 处时,宜不大于 1 Ω;在土壤电阻率为
100～300 Ω•m 处时,宜不大于 2Ω;在土壤电阻率为 300～1000 Ω•m 处时,宜不大于 4 Ω;在土壤电阻
率大于或等于 1000 Ω•m 处时,可适当放宽要求。

④ 火灾自动报警及消防联动控制系统采用专用接地装置时,接地电阻不应大于 4 Ω;采用共用接地装置
时,接地电阻不应大于 1 Ω。

(8)机房内的防静电措施应符合 GB 50174—2008《电子信息系统机房设计规范》的
规定,防静电地板泄漏电阻值宜为 $1 \times 10^5 \sim 1 \times 10^{10}$ Ω[2]。

5. 屏蔽及布线检测

(1)屏蔽检测。

1)检查机房内电子设备的摆放位置,应与机房屏蔽体及结构柱留有一定的安全距离。

2)测量机房屏蔽体的材料规格、网格大小,并按照 GB 50057—2010《建筑物防雷设
计规范》第 6.3.2 条规定的计算方法确定屏蔽效果及安全距离[3]。屏蔽材料宜选用钢
材或板材,选用板材时其厚度应为 0.3～0.5 mm。

3)对壳体的所有接缝、屏蔽门、截止波导通风窗、滤波器等屏蔽接口使用电磁屏蔽
检漏仪进行连续检漏,应符合 GB 50174—2008《电子信息系统机房设计规范》的规定。

4)用毫欧表测量屏蔽网络、金属管(槽)、防静电地板支撑金属网格、大尺寸金属件、
房间屋顶金属龙骨、屋顶金属表面、立面金属表面、金属门窗、金属格栅和电缆屏蔽层的
电气连接,过渡电阻值不宜大于 0.2 Ω。

5)测试机房内无线电干扰场强,在频率范围 0.15～1000 MHz 时,其应不大于 126。

6)测试机房内磁场干扰场强,主机房和辅助区内磁场干扰环境场强不应大 800 A/m。

7)检查进入机房的电源线、信号线金属屏蔽层引入方式(架空或埋地),检测等电位
连接及接地情况,应符合 GB 50343—2012《建筑物电子信息系统防雷技术规范》中第
5.3.3 条规定[4]。

(2)综合布线检测。

1)检查电子信息系统线缆敷设位置,线缆宜靠近等电位连接网络的金属部件敷设,
不宜贴近 LPZ 的屏蔽层。

2)检查电子信息系统线缆路由走向,应尽量减小线缆自身形成的电磁感应环路面积。

3)检测电子信息系统线缆与非电力电缆的其他管线的净距,应符合表3.6的规定。

4)检测电子信息系统线缆与配电箱、变电室、电梯机房、空调机房之间最小净距,应符合表5.3的规定。

5)检测电子信息系统线缆与电力电缆的净距,应符合表3.7的规定。

表5.3　电子信息系统线缆与电气设备的净距

名称	最小净距(m)
配电箱	1.00
变电室	2.00
电梯机房	2.00
空调机房	2.00

6. 电涌保护器的检测

(1)检查记录各级 SPD 的安装位置、数量,应符合相关要求。

(2)检查记录各级 SPD 的型号、主要性能参数(如 U_c, I_n, I_{imp}, U_p 等),并应符合以下要求。

1)电源 SPD 的有效电压保护水平 $U_{p/f}$ 应低于被保护设备的耐冲击过电压额定值 U_w,U_w 的值可参考表3.8。其中,$U_{p/f}=U_p+\Delta U$,$\Delta U=L \cdot di/dt$;ΔU 为 SPD 两端引线上产生的电压,在户外线进入建筑物处可按 1 kV/m 计算(8/20 μs,20 kA 时)。

2)电源 SPD 的 U_c 值应符合表3.9的规定。

3)电源 SPD 冲击电流和标称放电电流参数推荐值宜符合表3.10的规定。

4)信号 SPD 的 U_c 值一般应高于系统运行时信号线上的额定工作电压的1.2倍,表5.4提供了常用电子系统工作电压与 SPD 额定工作电压的对应关系参考值。

5)信号 SPD 开路电压和短路电流参数宜符合表3.11的规定;天馈线路 SPD 的主要技术参数宜符合表3.13的规定。

表5.4　常用电子系统工作电压与 SPD 额定工作电压的对应关系参考值

序号	通信线类型	常用电子系统工作电压(V)	SPD 额定工作电压(V)
1	DDN/X.25/帧中继	<6 或 40~60	18.0 或 80.0
2	数字用户线路	<6	18.0
3	2 M 数字中继	<5	6.5
4	ISDN	40	80.0
5	模拟电话线	<110	180.0
6	100 M 以太网	<5	6.5
7	同轴以太网	<5	6.5

续表

序号	通信线类型	常用电子系统工作电压(V)	SPD 额定工作电压(V)
8	RS-232	<12	18.0
9	RS-422/485	<5	6.0
10	视频线	<6	6.5
11	现场控制	<24	29.0

(3)检查和测量 SPD 两端引线的色标、长度、材料规格。其中,相线为红色、黄色、绿色,中性线为蓝色,接地线为黄绿相间;连线应短且直,总连线长度不宜大于 0.5 m;材料规格应符合表 5.1 的规定。

(4)对 SPD 进行外观检查,SPD 的表面应平整、光洁、无划伤、无裂痕和烧灼痕、无变形,SPD 的标志应完整和清晰。

(5)检查 SPD 的状态指示器,确定 SPD 运行是否正常。

(6)检查限压型电源 SPD 前端是否有过电流保护器,如使用熔断器,其值应与主电路上的熔断电流值相匹配,即应当根据 SPD 的产品手册中推荐的过电流保护器的最大额定值选择。如果额定值大于或等于主电路中的过电流保护器值时,则可省去。

(7)测量 SPD 接地端子与等电位接地端子板之间的过渡电阻,过渡电阻应不大于 0.2 Ω。

(8)测试各电源 SPD 的压敏电压和泄漏电流。

7. 常用电子信息系统防雷与接地检测

(1)通信接入网和电话交换系统。

1)检查有线电话通信用户交换机设备前端是否安装 SPD,参数与系统是否匹配。

2)检测通信设备机柜、机房电源配电箱等的接地线与机房的局部等电位接地端子板的连接状况。

3)检测引入建筑物的室外铜缆是否穿钢管敷设,钢管两端是否接地。

4)等电位连接和 SPD 的检测应符合本节的规定。

(2)安全防范系统。

1)检查户外摄像机是否处于 LPZ0$_B$ 内,线缆是否有金属屏蔽层并穿金属管敷设,屏蔽层及金属管两端是否接地。

2)检查户外摄像机输出视频信号接口、控制信号线接口和解码箱供电线路是否安装了与系统匹配的 SPD。

3)检查主控机和分控机的信号控制线、通信线,各监控器的报警信号线是否安装与系统匹配的 SPD。

(3)火灾自动报警及消防联动控制系统防雷与接地。

1)检测火灾报警控制系统的报警主机、联动控制盘、火警广播、对讲通信等系统的信号传输线缆是否安装了与系统匹配的 SPD。

2)检测消防控制中心与本地区或城市火警指挥中心之间联网的进出线路端口是否安装了适配的 SPD。

3)检测消防控制室内机架(壳)、金属线槽、安全保护接地、SPD 接地端与等电位连接网络连接状况,应符合本节的规定。

4)检测区域型报警控制器的金属机架(壳)、金属线槽(或钢管),电气竖井内的接地干线、接线箱的保护接地端等与等电位接地端子板的连接状况,应符合本节的规定。

(4)有线电视系统。

1)检测进、出有线电视系统前端机房的金属芯信号传输线是否安装了适配的 SPD。

2)检测有线电视网络前端机房内等电位连接情况和电源 SPD 的安装情况,应符合本节的规定。

3)检测有线电视信号传输网络的光缆、同轴电缆的承重钢绞线在建筑物入户处是否等电位连接并接地,检测光缆内的金属加强芯和金属护层的接地情况。

5.2　信息系统防雷系统保护检测要求

5.2.1　检测一般要求

(1)检测工作应由国家及地方有关法律法规规定的法定检测机构完成。实施检测机构应具有相应的检测资质,防雷安全检测人员必须具备相应的专业技术知识和能力,并持有"防雷检测资格证"。

(2)对于新建的电子信息系统机房,检测之前应查阅电子信息系统的防雷设计图纸和施工隐蔽资料,制定跟踪检测方案。

(3)对于已投入使用的电子信息系统机房,应调阅上一年度的检测报告书,与本次检测后的结果作对比分析。

(4)检测之前应对现场环境和设施设备的危险性进行辨识,并遵从有关安全规程的规定。

(5)检测需要用到的仪器和测量工具,应在计量合格证有效日期内使用,在检测前应检查,确保其处于正常状态。仪器和测量工具的精度应满足检测项目的要求。

(6)电子信息系统机房防雷装置接地电阻的测试,应在无降水天气条件下进行,禁止在地面有积水的情况下进行接地电阻的测试。

(7)检测中如出现检测仪器故障,应立即停止检测,并更换检测仪器重新检测;如因电子信息系统运行造成测试结果不正常,则应停止信息系统后进行测试。

(8)检测原始记录应按规定格式用钢笔或签字笔认真填写,字迹应清晰、工整,严禁涂改。检测原始记录应具有唯一识别性并保存至少两年。原始记录必须有检测人员和审核人员签字。

(9)应使用修约值比较法对原始检测数据进行计算和整理,并根据相关技术规范对检测结果进行判定。

(10)电子信息系统机房防雷工程质量的检测报告应客观、公正、科学地评定检测项目是否符合设计审核文件要求和国家(或地方)防雷技术规范要求,为电子信息系统安全评定提供可靠的依据。

(11)检测机构应出具统一的电子信息系统机房防雷检测报告;对于防雷装置检测不合格的单位,应及时向被检测单位提出整改意见书。

(12)防雷检测人员应遵守被检单位的保密制度,不得泄露被检单位受法律法规保护的资料及信息。

5.2.2　检测技术要求

1. 计算机和通信网络系统

(1)检查等电位连接状况。

1)检查等电位连接网络形式,机房的等电位连接网络应符合以下要求。

① 当计算机和通信网络系统为 300 kHz 以下的模拟线路时,可采用 S 型等电位连接。

② 当计算机和通信网络系统为兆赫级数字线路时,应采用 M 型等电位连接。

③ S 型和 M 型结构形式见图 3.2,其组合见图 5.1。

2)检查计算机和通信网络系统各设备之间的电气连接和接地状况,各设备之间的电气连接和接地应符合以下要求。

① 电气和电子设备的金属外壳、机柜、机架、金属管(槽)、屏蔽线缆外层、信息设备防静电接地、安全保护接地、SPD 接地端应与等电位连接网络的接地端子以最短的距离连接。

② 机房局部等电位接地端子应与楼层等电位接地端子连接。楼层等电位接地端子应通过接地干线与总等电位端子连接;接地干线采用多股铜芯导线或铜带时,其截面积应不小于 16 mm²。接地干线应在电气竖井内明敷,并应与楼层主钢筋作等电位连接。

3)检查时,应注意系统设备的技术标准,按技术标准进行测试。

4)应测试机房内的各设备接地端、金属组件与等电位接地端子的电气连接。

(2)检查屏蔽状况。

1)检查机房的屏蔽状况,机房的屏蔽应符合以下要求。

① 机房宜设置在所在建筑物的底层中间部位,应利用所在建筑物钢筋混凝土结构中的金属构件构成格栅形的大空间屏蔽。

② 机房金属屏蔽网应与等电位接地端子板连接。

2)检查线路的屏蔽状况,线路的屏蔽应符合以下要求。

① 进入机房的电源线、信号线应采用屏蔽电缆或穿金属管埋地引入,并在 LPZ 交

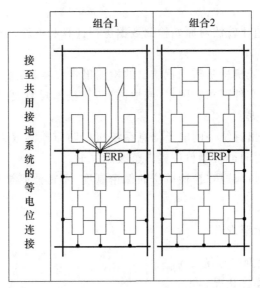

— 建筑物的共用接地系统; — 等电位连接网; □ 设备;

ERP 接地基准点; • 等电位连接网与共用接地系统的连接

图 5.1 电子信息系统等电位连接方法的组合

界处做等电位连接,其埋地长度不应小于 2ρ(ρ 是土壤电阻率,单位为 $\Omega \cdot m$),且最短不应小于 15 m。

② 进入机房光缆的所有金属接头、金属挡潮层、金属加强芯等应在入户处做等电位连接。

3)测试机房屏蔽网、电缆屏蔽层及金属线槽(管、架)与等电位接地端子的电气连接。

(3)检查合理布线状况。

检查室内线缆敷设状况,线缆的敷设应符合以下要求。

① 系统线缆与非电力电缆的其他管线的净距,应符合表 3.6 的规定。

② 系统线缆与电力电缆的净距,应符合表 3.7 的规定。

③ 系统线缆与配电箱、变电室、电梯机房、空调机房之间最小的净距应符合表 5.3 的规定。

(4)检查电涌保护状况。

1)检查电源 SPD 的设计安装状况,设计安装应符合以下要求[5]。

① 由 TN 交流配电系统供电时,配电线路必须采用 TN-S 系统。

② 检查电源线路 SPD 的数量与分级是否满足雷电防护的等级,其安装位置应符合图 5.2 规定。

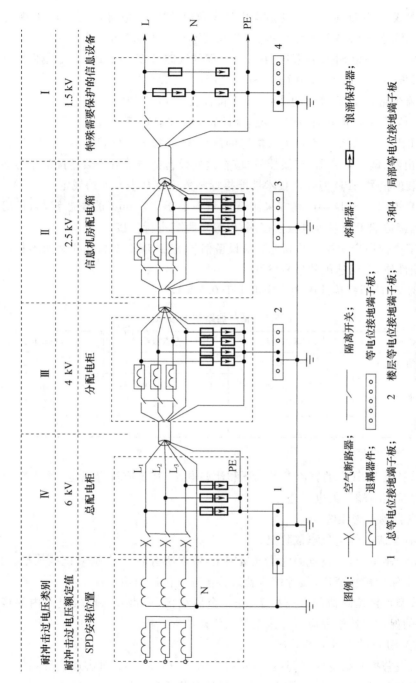

图 5.2　电源线路 SPD 安装分布图

③ 电源线路 SPD 应满足标称放电电流参数值的要求,应符合表 3.10 的规定。

④ 电源线路 SPD 连接导线应平直,其长度不宜大于 0.5 m。

⑤ 当电压开关型 SPD 到限压型 SPD 之间的线路长度小于 10 m 或限压型 SPD 之间的线路长度小于 5 m 时,应在两级 SPD 之间加装退耦装置。

⑥ 电源线路 SPD 连接线的截面积,应符合表 3.14 的规定。

2)检查信号 SPD 的设计安装情况,设计安装应符合以下要求。

① 经 LPZ0$_A$ 或 LPZ0$_B$ 直接进入机房的信号线,在接入网络设备后,如服务器、网络交换机、路由器、调制解调器、集线器等,应在这些设备的端口处安装适配的信号 SPD。

② 安装的信号 SPD 型号及技术性能指标参数应符合表 5.5 的规定。

③ 安装的信号 SPD 接地线宜采用截面积不小于 1.5 mm^2 的铜芯线,与机房内的局部等电位接地端子板或等电位连接网,以最短距离进行连接。

④ 数字程控用户交换机及其他通信设备信号线路,应根据总配线架所连接的中继线和用户线性质,选用适配的信号 SPD。

⑤ 信号 SPD 的标称放电电流应不小于 0.5 kA.

表 5.5 信号线路 SPD 参数

线缆类型	非屏蔽双绞线	屏蔽双绞线	同轴电缆
标称导通电压	≥1.2 U_n	≥1.2 U_n	≥1.2 U_n
测试波形	(1.2/50 μs,8/20 μs) 混合波	(1.2/50 μs,8/20 μs) 混合波	(1.2/50 μs,8/20 μs) 混合波
标称放电电流(kA)	≥1.0	≥0.5	≥3.0

注:U_n 是最大工作电压。

3)测试各电源 SPD 的直流参考电压和泄漏电流,其值应符合规定;测试各 SPD 接地端与等电位接地端子的电气连接。

2. 火灾自动报警系统

(1)检查系统的等电位连接状况。

1)消防控制室内,应设置等电位连接网络,室内所有的机架(壳)、配线线槽、设备保护接地、安全保护接地、SPD 接地端应就近接至等电位接地端子板。

2)区域型报警控制器的金属机架(壳)、金属线槽(或钢管)、电气竖井内的接地干线、接线箱的保护接地端等应就近接至等电位接地端子板。

(2)检查 SPD 的设计安装状况。

1)火灾报警控制系统的报警主机、联动控制盘、火警广播、对讲通信等系统的信号传输线缆宜在 LPZ0$_A$ 或 LPZ0$_B$ 与 LPZ1 交界处安装适配的信号 SPD。

2)消防控制室与本地区或城市火警指挥中心之间联网的进出线路端口应装设适配

的信号 SPD。

（3）检查系统的接地形式。火灾自动报警及联动控制系统的接地宜采用共用接地，接地干线应采用截面积不小于 16 mm² 的铜芯绝缘线，并宜穿管敷设接至本层（或就近）的等电位接地端子板。

（4）测试火灾自动报警系统各设备和信号 SPD 接地端与等电位接地端子的电气连接。

3．有线电视系统

（1）检查系统的等电位连接状况。机房内应设置局部等电位接地端子板，接地干线应采用截面积不小于 16 mm² 的铜芯绝缘导线并穿管敷设，就近接至机房外的等电位连接带。

（2）检查 SPD 的设计安装状况。进出建筑物的信号传输线宜在入/出口处安装适配的信号 SPD。

（3）测试机房各设备和信号 SPD 接地端与等电位接地端子的电气连接。

4．无线通信系统

（1）检查直击雷防护措施。

1）接闪器与天线之间的距离应大于 3 m，天线及其他前端设备应在接闪器的保护范围内。

2）接闪器、天线竖杆的接地宜就近与建筑物的防雷接地装置共用。计算机通信系统中部分天线因技术需要，要求不接地，该天线必须满足 1）中的要求。

（2）检查屏蔽和等电位连接措施。

1）从天线杆、塔引下的天馈线路应采用屏蔽线缆；金属屏蔽层与杆、塔金属体及建筑物的防雷装置间应电气导通。

2）通信基站的天馈线路应从铁塔中心部位引下，金属屏蔽层应与塔的上部、下部和经走线架进入机房前就近做等电位连接。当馈线长度不小于 60 m 时，金属屏蔽层还应在铁塔中部增加一处等电位连接。

3）室内外走线架应作等电位连接。

4）当天馈传输系统采用波导管时，其金属外壁应与天线架、波导管支撑架及天线反射器电气连通。

5）天馈线路 SPD 接地线应采用截面积不小于 6 mm² 的多股绝缘铜导线连接到 LPZ0$_A$ 或 LPZ0$_B$ 与 LPZ1 交界处的等电位接地端子板上。

6）当采用光纤传输信号时，应符合检查屏蔽状况的要求。

7）安装在天线杆、塔上的航空障碍灯等设备外壳，应就近与金属杆、塔连接。

（3）检查防电涌措施。

1）进入通信基站机房的信号线缆应埋地引入，在入户配线架处应安装适配的信号 SPD。

2)进入通信基站机房的电源线缆宜埋地引入,埋地长度不宜小于 50 m,电源进线处应安装适配的电源 SPD。

3)同轴馈线进入机房后与系统设备连接处应安装天馈线路 SPD。

4)天馈线路 SPD 的技术参数应符合表 5.6 的规定。

5)串装在同轴电缆线路上的有源设备,当采用单独的电源线供电时,电源线应穿金属管敷设,金属管首尾两端应就近接地,并安装适配的电源 SPD。

表 5.6　信号线路、天馈线路 SPD 性能参数

名称	插入损耗	电压驻波比	响应时间	平均功率	特性阻抗	传输速率	工作频率	接口型
数值	≤0.50 dB	≤1.3	≤10 ns	≥1.5 倍系统平均功率	应满足系统要求	应满足系统要求	应满足系统要求	应满足系统要求

(4)测试避雷针、天线竖杆、基站铁塔及其他前端设备与防雷接地装置的电气连接。应测试室内外走线架、机房内所有设备金属机架(壳)、金属线槽(或钢管)、屏蔽层、电源 SPD 和信号(天馈线路)SPD 的接地端与等电位接地端子的电气连接。

5. 安全防范系统

(1)中央控制室内系统主机设备的雷电防护措施应符合计算机和通信网络系统检测的规定。

(2)检查直击雷防护措施。安全防范系统的外场设备、电源线缆、信号线缆应在直击雷保护范围之内。

(3)检查室外线路屏蔽措施。室外线路宜采用屏蔽电缆或穿金属管埋地敷设;架空的或建筑屋顶敷设的电源线缆、信号线缆,应采用屏蔽电缆或穿金属管屏蔽,屏蔽层或穿金属管应两端接地,若线路较长宜每隔 30 m 接地一次。

(4)检查室外线路设备防电涌措施,置于户外的摄像机(探头、云台)信号控制线在输入/输出端口处应安装适配的信号 SPD。

(5)测试系统外场设备的防直击雷接地电阻值,机房内所有设备金属机架(壳)、金属线槽(或钢管)及各 SPD 接地端与等电位接地端子的电气连接。

6. 系统接地装置检测

检查系统直流工作接地、建筑物防雷接地、配电系统安全保护接地和交流工作接地的接地形式及其关系。当采用非共用接地时,系统直流工作接地网与其他接地网的安全距离不小于 15 m。

7. 接地电阻值的要求

(1)电子信息系统处在第二类防雷建筑物时,防直击雷接地电阻值应不大于 10 Ω。

（2）电子信息系统处在第三类防雷建筑物时，防直击雷接地电阻值应不大于 30 Ω。

（3）电子信息系统机房直流工作接地的接地电阻值大小应根据不同计算机系统的技术标准确定。

（4）电子信息系统机房交流工作接地的接地电阻值应不大于 4 Ω。

（5）电子信息系统机房安全保护接地的接地电阻值应不大于 4 Ω。

（6）当电子信息系统的直流工作接地和所处建筑物的防雷接地，配电系统安全保护接地和交流工作接地，及其他接地共用一组接地装置时，接地装置的接地电阻值必须按接入设备中要求的最小值确定。

（7）电子信息系统设备接地电阻值有特殊规定的（有的系统直流工作地悬空，与大地严格绝缘），应按其规定执行。

（8）建造在野外的安全防范系统，其接地电阻值应不大于 10 Ω；在高山岩石的土壤电阻率大于 2000 Ω·m 处时，其接地电阻值应不大于 20 Ω。

（9）电子信息系统设备的电气连接处的过渡电阻应不大于 0.03 Ω。

5.3　信息系统防雷系统保护检测方法

5.3.1　一般检测方法及周期

1. 检测方法

（1）目测。查看电子信息系统防雷装置的安装工艺、连（焊）接状况、防腐措施、线缆敷设情况等项目，记录在现场调查表及原始记录表中。

（2）器测。

1）土壤电阻率的测量。使用多功能接地电阻测试仪或综合测试仪测量土壤电阻率，用于工频接地电阻和冲击接地电阻的换算和安全防范系统接地装置接地电阻值的确定。

2）接闪器高度的测量。使用光学经纬仪或激光测距仪测量接闪器高度，用于计算接闪器的保护范围。

3）材料规格的测量。使用游标卡尺或测厚仪测量防雷装置的直径、长宽、厚度等，用于防雷装置所选材料规格的判定。

4）连接状况的测量。使用等电位连接电阻测试仪或微欧计测量接闪器与引下线的电气连接，等电位连接带与接地干线的电气连接及法兰跨接的过渡电阻，用于电气连接、等电位连接和跨接连接的电气连接质量判定。

5）接地电阻的测量。使用接地电阻测试仪测量防雷接地装置的接地电阻，用于接地装置接地电阻值的判定。

6)辅助项目的测量。使用卷尺、直尺、温度/湿度表、万用表、频谱仪和场强仪等辅助测量工具测量辅助项目,用于测量场所环境条件的辅助测试。

2. 检测周期

(1)定期检测。对已投入使用的电子信息系统的防雷装置实行定期检测制度,应每年检测一次。

(2)跟踪检测。对新建的电子信息系统的防雷装置实行在建过程跟踪检测制度。

(3)增加检测。存在防雷安全隐患的场所在整改后,应增加检测。

5.3.2　信息系统的防雷检测方法及要求

1. 接闪器保护范围的确定方法

(1)接闪器的保护范围按 GB 50057—2010《建筑物防雷设计规范》提供的滚球法确定。

(2)确定接闪器的保护范围需要测量接闪器的高度、被保护电子设备的高度、被保护电子设备与接闪器的水平距离等数据。

(3)根据被保护设备的重要性,确定对应的滚球半径。

(4)计算接闪杆、接闪带、接闪线等对电子系统的保护范围。

2. 等电位连接的测试方法

(1)以与建筑物接地装置有直接电气连接的金属体为基准点,使用等电位测试仪(或微欧计等)测量电子信息系统各设备的金属外壳、机架、屏蔽槽等金属体与基准点之间的过渡电阻值。

(2)下列各处宜作为等电位连接测试的基准点。

1)电子系统机房的接地基准点(ERP)。

2)强弱电竖井内的接地母线或局部等电位端子(LEB)。

3)建筑物顶面的电气设备预留接地端子。

4)防雷引下线。

5)电源配电柜(箱)的 PE 线。

6)建筑物总等电位端子(MEB)或接地预留测试端子。

7)建筑物均压环预留端子。

(3)用于电子设备或系统等电位连接测试的仪器,其端口输出电压宜低于 50 V。

3. 压敏电压 $U_{1\,mA}$ 和泄漏电流 $I_{1\,mA}$ 的检测方法

(1)压敏电压 $U_{1\,mA}$ 的测试应符合以下要求。

1)测试仅适用于以金属氧化物电阻为限压元件且无其他元件串并联的 SPD。

2)可使用防雷元件测试仪或压敏电压测试表对 SPD 的压敏电压 $U_{1\,mA}$ 进行测量。

3)首先应将后备保护装置断开,在确认已断开电源后,直接用防雷元件测试仪或其

他适用仪表测量对应的模块,或者取下可插拔式 SPD 的模块,或者将 SPD 从线路上拆下进行测量,SPD 应按图 5.3 所示的连接逐一进行测试。

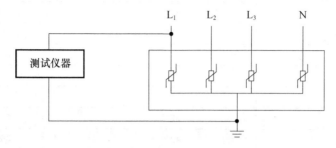

图 5.3　SPD 测试示意图

4)首次测量压敏电压 $U_{1\,mA}$ 时,实测值应在表 5.7 中 SPD 的最大持续工作电压 U_c 对应的压敏电压 $U_{1\,mA}$ 的区间范围内。表 5.7 中无对应 U_c 时,交流 SPD 的压敏电压 $U_{1\,mA}$ 与 U_c 的比值应不小于 1.5,直流 SPD 的压敏电压 $U_{1\,mA}$ 与 U_c 的比值应不小于 1.15。

5)后续测量压敏电压 $U_{1\,mA}$ 时,除需满足上述要求外,实测值还应不小于首次测量值的 90%。

表 5.7　压敏电压和最大持续工作电压的对应关系表

标称压敏电压 $U_{1\,mA}$(V)	最大持续工作电压 U_c(V)	
	交流	直流
82	50	65
100	60	85
120	75	100
150	95	125
180	115	150
200	130	170
220	140	180
240	150	200
275	175	225
300	195	250
330	210	270
360	230	300
390	250	320

标称压敏电压 $U_{1\,mA}$(V)	最大持续工作电压 U_c(V)	
	交流	直流
430	275	350
470	300	385
510	320	410
560	350	450
620	385	505
680	420	560
750	460	615
820	510	670
910	550	745
1000	625	825
1100	680	895
1200	750	1060

注:压敏电压允许公差为±10%。

(2)泄漏电流 $I_{1\,mA}$ 的测试应符合以下要求。

1)测试仅适用于以金属氧化物电阻为限压元件且无其他元件串并联的 SPD。

2)可使用防雷元件测试仪或泄漏电流测试表对 SPD 的泄漏电流 $I_{1\,mA}$ 进行测量。

3)首先应将后备保护装置断开,在确认已断开电源后,直接用仪表测量对应的模块,或者取下可插拔式 SPD 的模块,或者将 SPD 从线路上拆下进行测量,SPD 应按图 5.3 所示的连接逐一进行测试。

4)首次测量泄漏电流 $I_{1\,mA}$ 时,单金属氧化物电阻构成的 SPD 实测值不应超过生产厂标称的泄漏电流 $I_{1\,mA}$ 最大值;生产厂标称泄漏电流 $I_{1\,mA}$ 时,实测值应不大于 20 μA。多片金属氧化物电阻并联的 SPD 实测值不应超过生产厂标称的泄漏电流 $I_{1\,mA}$ 最大值;生产厂未标称泄漏电流 $I_{1\,mA}$ 时,实测值应不大于 20 μA 乘以金属氧化物电阻阀片的数量;不能确定阀片数量时,SPD 的实测值应不大于 20 μA;

5)后续测量 $I_{1\,mA}$ 时,单片金属氧化物电阻和多片金属氧化物电阻构成的 SPD,其泄漏电流 $I_{1\,mA}$ 的实测值应不大于首次测量值的 2 倍。

4. 机房防静电地板泄漏电阻的检测方法

(1)使用表面阻抗及泄漏电阻测试仪测量机房防静电地板、桌垫、台垫的表面阻抗及泄漏电阻值。

(2)使用表面阻抗、泄漏电阻测试仪及数字万用表测量脚、手的泄漏电阻值。

参考文献

[1] 全国雷电防护标准化技术委员会.建筑物防雷装置检测技术规范:GB/T 21431—2015[S].北京:中国标准出版社,2015.

[2] 中华人民共和国工业和信息化部.电子信息系统机房设计规范:GB 50174—2008[S].北京:中国计划出版社,2008.

[3] 中国机械工业联合会.建筑物防雷设计规范:GB 50057—2010[S].北京:中国计划出版社,2010.

[4] 中国建筑标准设计研究院,四川中光防雷科技股份有限公司.建筑物电子信息系统防雷技术规范:GB 50343—2012[S].北京:中国建筑工业出版社,2012.

[5] 中国电器工业协会,全国避雷器标准化技术委员会.低压电涌保护器(SPD)第 1 部分:低压配电系统的电涌保护器性能要求和试验方法:GB 18802.1—2011[S].北京:中国标准出版社,2011.